新型农民职业技能培训教材

水产动物养殖员培训教程

刘松岩　编著

中国农业科学技术出版社

图书在版编目（CIP）数据

水产动物养殖员培训教程／刘松岩编著．—北京：中国农业科学技术出版社，2011.9

ISBN 978－7－5116－0680－8

Ⅰ.①水… Ⅱ.①刘… Ⅲ.①水产动物－水产养殖－技术培训－教材 Ⅳ.①S96②S917.4

中国版本图书馆 CIP 数据核字（2011）第 194503 号

责任编辑 朱 绯
责任校对 贾晓红 郭苗苗

出 版 者 中国农业科学技术出版社
北京市中关村南大街 12 号 邮编：100081
电 话 (010)82106626(编辑室) (010)82109704(发行部)
(010)82109709(读者服务部)
传 真 (010)82106624
网 址 http://www.castp.cn
经 销 者 各地新华书店
印 刷 者 北京富泰印刷有限责任公司
开 本 850mm×1 168mm 1/32
印 张 5.375
字 数 144 千字
版 次 2011 年 9 月第 1 版 2012 年 6 月第 4 次印刷
定 价 16.00 元

目　录

第一章　水产动物养殖员的职业道德与职业守则

一、职业道德

道德的内涵：道德是调节个人与自我、他人、社会和自然界之间关系行为规范的总和，是靠社会舆论、传统习惯、教育和内心信念来维持的。

职业道德，就是同人们的职业活动紧密联系的、符合职业特点所要求的道德准则、道德情操与道德品质的总和。为了确保职业活动的正常进行，必须建立调整职业生活中发生的各种关系的职业道德规范。每个从业人员，无论从事哪种职业，在职业活动中都要遵守道德。职业道德是社会道德在职业生活中的具体化。

二、职业守则

职业守则包括以下几个方面的内容：

以防为主，防治结合，严明职德，爱岗敬业；

业务精湛，一丝不苟，规范用药，保护环境；

遵纪守法，认真负责，实事求是，精益求精。

三、文明礼貌与职业道德

文明礼貌是人类社会进步的产物，是从业人员的基本素质，是企业形象的重要内容。作为社会主义职业道德的一条重要规范，文明礼貌是人们在职业实践中长期修养的结果。因此，从业人员应该时刻严格要求自己，按照文明礼貌的具体要求从事职业活动，为塑造良好的企业形象贡献自己的力量。

（一）文明礼貌是从业人员的基本素质

文明礼貌是职业道德的重要规范，尤其商业服务业中更强调文明礼貌的重要性，它是从业人员上岗的首要条件和基本素质，表现在以下两个方面：

1. 文明礼貌是《服务公约》和《职业守则》的内容之一；
2. 文明礼貌是从业的基本条件。

在我国，职工初次上岗要经过职业培训，进行思想政治教育、业务技术教育、职业纪律教育和职业道德教育。在职业纪律和职业道德中包含有文明礼貌的要求，不符合条件的不能上岗。

（二）文明礼貌的具体要求

1. 仪表端庄；
2. 语言规范；
3. 举止得体；
4. 待人热情。

四、爱岗敬业

（一）爱岗敬业是中华民族的传统美德和现代企业精神

从业人员踏上工作岗位以后，碰到的第一个问题，就是职业态度问题。所谓职业态度是指人们在职业地位、思想觉悟、道德品质、价值目标影响下形成的对自己所从事工作的认识及其劳动态度。

劳动者素质是一个多内容、多层次的系统结构，主要包括职业道德素质和专业技能素质。职业道德素质包含的内容也很多，其中爱岗敬业的职业态度和职业精神就是一个非常重要的内容。

（二）爱岗敬业的具体要求

爱岗敬业作为一种职业道德规范，是一个社会历史范畴，随着社会的不断进步，它的内涵逐渐丰富，它调节的范围不断扩展，它的具体要求也在不断充实。在社会主义市场经济条件下，爱岗敬业的具体要求主要是：树立职业理想、强化职业责任、提高职业技能。

五、诚实守信

诚实守信是人类在漫长的交往实践中总结出来的做人的基本准则，是确保社会交往尤其是经济交往持续、稳定、有效的重要道德规范。在建立社会主义市场经济体制的今天，在加强职业道德建设的过程中，弘扬诚实守信的精神，无论是对于企事业单位的兴旺发达，还是对于职工个人的就业、成长、成功，都是十分重要的。

（一）诚实守信是市场经济法则

市场经济是高度发达的商品经济。现代市场经济活动由于交通和通讯手段的现代化，人们交往的地域已扩展至全球，人们之间接触的频率越来越高，人口的流动性愈来愈大，许多人彼此尚未熟悉就要共事、合作，很多情况下，你是在与尚未见过面的人谈判、签约、交易。而所有这一切之所以能够正常运作，就是因为人们都遵守一条共同的规则：诚实守信。

（二）诚实守信是企业的无形资本

诚实守信是市场经济的一个本质规定，是作为市场经济主体所必须遵循的规则，它可以为企业带来经济效益，成为企业的无形资本。

（三）诚实守信是为人之本

做人要讲究“诚”“信”，古今中外人同此理，没有例外。《中庸》中就有这样的说法：“诚者，天之道也。思诚者，人之道也”。可见，在中国古代先哲们的观念中，要做工，就必须修身、正心，而修身、正心的关键就在于诚实守信。正所谓“人无诚信不立”。在西方，人们同样赞美诚实守信，并视为做人处世的重要美德。

（四）诚实守信是从业之要

人是一个多面体，做人是否诚实守信有多方面的表现。在职业活动中的表现就是其中一个重要方面。职业活动是人们最基本的社会活动之一，人们对待职业活动的态度是他们人生观和世界观的一个缩影，集中地反映了他们的处世哲学和生活态度。

六、办事公道

办事公道是人加强自身道德品质修养的基本内容，也是在社会主义市场经济条件下，企业活动的根本要求。作为一个职工，在其职业活动中，必须奉行办事公道的基本原则，在处理个人与国家、集体、他人的关系时，公私分明、公平公正、光明磊落。

（一）办事公道是正确处理各种关系的准则

办事公道的含义：公道与公平、公正，含义大致相同，意思是指坚持原则，按照一定的社会标准（法律、道德、政策等）实事求是地待人处事。办事公道就是指我们在办事情、处理问题时，要站在公正的立场上，对当事双方公平合理、不偏不倚，不论对谁都是按照一个标准办事。站在公正的立场，并不是在当事人中间搞折中，而是不论对什么人，都要坚持正确的原则。

（二）办事公道的具体要求

1. 坚持真理；

2. 公私分明；

3. 公平公正。

七、勤劳节俭

（一）勤劳节俭是中华民族的传统美德

勤劳节俭是中华民族的优良传统，也是共产主义道德的一种品质。所谓勤劳就是辛勤劳动，努力生产物质财富和精神财富。我国最早经典中的“勤”字，都是指勤劳与劳苦。所谓节俭，就是节制、节省、爱惜公共财物和社会财富以及个人的生活用品。

1. 勤劳

（1）勤劳是人生存的必要条件；

（2）勤劳是人致富的铺路石；

（3）勤劳是事业成功的重要保证。

2. 节俭

节俭是修身、持家、治国的法宝。

（1）节俭是维持人类生存的必需；

（2）节俭是持家之本；

（3）节俭是安邦定国的法宝。

（二）勤劳节俭有利于防止腐败

腐败是一种为牟取私利而侵犯公众利益的行为，它对社会肌体有着极大的侵蚀作用。古人云：“天下兴亡多少事，自身腐败遭厄运”，“官廉则政举，官贪则政危”。官吏贪暴，为政腐败，往往是政权瓦解垮台的直接原因。虽然中国历史上历朝历代都有过励精图治的皇帝、清正廉洁的官吏，为了维护其统治，大力整饬治吏，扬廉惩恶，但由于他们所属阶级局限性，始终没有摆脱夺权—兴盛—灭亡的规律。

社会主义政权在我国的建立，从本质上讲，不应该有腐败现象。但由于我国尚处于社会主义初级阶段，政治、经济、文化制度不健全，腐败现象还非常严重，已经给社会主义事业带来了严重的危害。因此，能否抵制和克服腐败是关系到党和政府生死存亡的大问题。抵制和克服腐败的方法和途径是很多的，其中坚持勤劳节俭这一中华民族的传统美德是防止腐败、抵制腐败的有力措施。

（三）勤劳节俭是创业家的成功修养

人类历史上曾涌现一大批创业人物，他们在人格素质方面都突出地表现出了勤劳节俭的个人修养。

人的生命有限，要想在有限的生命时间内多做出一些令自己满意的业绩，必须勤奋。几乎所有的杰出人物都明确地认识了到这一点，并身体力行。拿破仑说过一句发人深省的话："你有一天遭遇到的灾祸，是你某一段时间疏懒的报应!"

孔子说过一句格言："生无所息!"对这句话可以有不同的理解，在一般人看来，人活着就得不停地辛苦奔波，这是一个充满劳累和痛苦的过程。而在杰出人物看来，人生在世，利用有效的生命时间，进行不断的创造性劳动，充实自己的生命，创造了生命价值，是一种莫大的幸福。

真正要做到勤劳节俭，首先，必须有高度的事业心，对祖国、对人民的深深热爱，对人类幸福的无比关怀，对社会发展的高度责任感、义务感和强烈愿望，以及对高尚道德生活的追求，这是勤奋的基础。其次，要不怕劳苦。勤奋与节俭都是与劳苦并肩而行的。

（四）勤劳节俭有利于可持续发展

20 世纪 80 年代，人们提出了一种可持续发展的发展观，现在它已为越来越多的人所接受。这种新的发展观对于人与自然的协调和我国的现代化建设具有重要意义。

可持续发展就是走经济、社会、人口、环境和资源相互协调，既能满足当代人需要，又不对后人的生存发展构成危害的发展道路。一个社会的可持续发展必须重视生产资源的节约。我国是一个人口众多资源相对贫乏的国家，土地、水源、矿藏的人均占有量均比较低。因此，节约对我们有着特殊重要的意义。我们必须要节水、节电、节能、节财、节粮，千方百计地减少资源的占用和消耗，以实现经济的可持续发展。但令人遗憾的是，目前在我国的一些地区，为了脱贫致富，不顾有限的资源，依然采用高投入、高消耗、高污染的粗放型经营模式，使环境不断恶化，资源日趋枯竭。

八、遵纪守法

从业人员遵纪守法是职业活动正常进行的基本保证，也是发展社会主义市场经济的客观要求，它直接关系到企业的发展和个人的前途，关系到社会精神文明的进步和社会主义现代化建设的顺利进行。遵纪守法作为社会主义职业道德的一条重要规范，是对职业人员的基本要求。从业人员应培养法制观念，自觉遵纪守法，以保证社会活动有序进行，生产正常运转。

（一）没有规矩不成方圆

1. 遵纪守法的含义

所谓遵纪守法指的是每个从业人员都要遵守纪律和法律，尤其要遵守职业纪律和与职业活动相关的法律法规。

2. 遵纪守法是从业人员的基本要求

3. 遵纪守法是从业的必要保证

（二）遵纪守法的具体要求

1. 学法、知法、守法、用法

要做到遵纪守法，首先必须认真学习法律知识，树立法制观念，并且了解、明确与自己所从事的职业相关的职业纪律、岗位规范和法律规范。

2. 遵守企业纪律和规范

在从业人员的职业生涯中，遵纪守法通常地、大量地体现在自觉遵守职业纪律上。职业纪律的基本内容，从大的方面来看，主要表现为国家机关、人民团体和企业、事业单位根据国家的宪法和法律结合职业活动的实际所制定的各种规章制度，如条例、守则、公约、须知、誓词、保证等；从小的方面讲，则相当具体详细，如作息时间、操作规程、安全规则等。职业纪律把一些直接关系到职业活动能否正常进行的行为规范，上升到行政纪律的高度加以明确规定，并以行政惩罚强制执行，以保证从业人员的职业行为符合职业活动和职业道德的要求。

九、团结互助

团结互助是指人与人之间为了实现共同的利益和目标，互相帮助、互相支持、团结协作、共同发展。

（一）团结互助促进事业发展

1. 团结互助营造人际和谐氛围

团结互助是处理从业人员之间和职业集体之间关系的重要道德规范，它要求从业人员顾全大局，友爱亲善，真诚相待，平等尊重，搞好同事之间、部门之间的团结协作，以实现共同发展。如果从业人员能够调节好职业内部人与人之间、部门与部门之间的关系，调节好职业集体之间的关系，就能具有良好的精神状态，心情舒畅，从而激发起巨大的热情和积极性，同心同德，努力工作。

2. 团结互助增加企业内聚力

团结互助是社会生产的客观要求，也是一切职业活动正常进行的重要保证。特别是在科学技术发展和生产社会化程度提高的现代化大生产条件下，只有企业之间、企业内部之间相互配合、团结协作、互助友爱、才能形成企业凝聚力，促进生产力发展，促使企业目标的实现。

（二）团结互助的基本要求

1. 平等尊重；

2. 顾全大局；

3. 互相学习；

4. 加强协作。

十、开拓创新

（一）开拓创新是时代的需要

1. 创新的含义

创新是指人们为了发展的需要，运用已知的信息，不断突破常规，发现或产生某种新颖、独特的有社会价值或个人价值的新事物、新思想的活动。

创新的本质是突破，即突破旧的思维定势、旧的常规。它追求的是“新异”“独特”“最佳”“强势”，并必须有益于人类的幸福、社会的进步。

创新在实践活动上表现为开拓性，即创新实践不重复过去的实践活动，它不断发现和拓宽人类新的活动领域。创新实践最突出的特点是打破旧的传统、旧的习惯、旧的观念和旧的做法。

2. 创新是企业发展的动力

当今世界，一切社会的发展，一切经济价值、经济增长和战略实力，实际上都与开拓创新紧相连。企业要创新，就是要更好更有效地参与全球范围内的竞争与合作；个人要创新，就是要不断地挖掘、开发自身的潜力和能力，实现自己的理想和价值，以期获得事业的成功。

一个没有创新精神的民族是没有希望的民族，一个没有创新精神的企业是没有希望的企业，同样，一个没有创新意识的人，是没有前途的人。对于刚刚迈入市场经济轨道的企业和参与市场经济竞争的个人，比以往任何时候都更需要创新，更需要具备内在的创新素质。

（二）如何开拓创新

1. 开拓创新要有创新意识和科学思维

（1）强化创造意识；

（2）确立科学思维。

2. 开拓创新要有坚定的信心和意志

（1）坚定信心，不断进取；

（2）坚定意志，顽强奋斗。

第二章 我国水产养殖业的现状和发展前景

我国的海水、淡水水域幅员辽阔，有3.2万千米的海岸线，水深15米以内的浅海、滩涂面积达2亿亩；内陆水域总面积约2.64亿亩，其中河流1亿多亩，湖泊1亿多亩，水库3 000多万亩，池塘3 000多万亩。这些水域绝大部分地处亚热带和温带，气候温和，雨量充沛，适合于水产养殖。

一、水产业的含义

水产业，又称渔业，是从事水生经济动、植物生产的事业。其含义有狭义和广义之分。狭义的水产业是人们在海洋或内陆水域内从事捕捞和养殖水生动植物，以获得水产品的物质生产部门。最早的水产业只是在沿海或滨湖用简单的生产工具采捕野生的鱼贝类，成为人类维持生命的最古老的生产活动之一。随着造船工业和航海技术的发展，扩大了捕捞水域，由近海到外海乃至远洋，并且从捕捞天然野生鱼类，发展到人工养殖和增殖，进而出现了水产品加工以及为渔业生产服务的部门。水产业的含义就愈来愈广泛了。广义的水产业还应包括渔船、渔具、渔业机械制造、渔港建筑、渔需物质供应以及水产品保鲜、加工、贮藏和运销等，构成统一的生产体系，是国民经济的一个重要组成部门。

二、新中国成立后我国水产养殖的发展和成就

自新中国成立后，我国水产养殖业得到了蓬勃的发展，大体

经历了以下4个时期。

1949—1957年，这是3年恢复和第一个五年计划时期。1957年，淡水鱼总产量达到118万吨，比1950年36.6万吨增长了2倍多，比当时历史最高水平的1936年的50万吨增长了1倍多。

1958—1965年，这是渔业发展方针上的争论时期。在此期间，我国淡水养鱼业在理论和技术上完成2件大事：一是1958年家鱼人工繁殖试验成功，为我国水产养殖事业的大发展奠定了扎实的基础；二是总结渔民群众丰富的养鱼经验，将其概括为“水、种、饵、混、密、轮、防、管”8个技术关键，简称“八字精养法”，并将其上升到理论高度，从而建立起我国水产养殖完整的技术体系。1959年，我国淡水鱼总产量达到123万吨，创造了当时历史上的最高纪录。

1966—1976年，这是我国水产养殖业的徘徊时期。

1977以来，是我国水产养殖业高速发展的时期。1977年以来，我国农村逐步落实各项经济政策，调整了生产关系和农业产业结构，使农村经济向专业化、商品化、现代化转变。

新中国成立以来，在党和政府的重视下，我国水产养殖业取得的主要养殖成就除上述产量显著增长外，还表现在以下几个方面：

1. 以鱼类繁殖专家钟麟为首的研究人员于1958年5月首先在世界上突破了鲢、鳙在池塘中人工繁殖的技术难关，孵化出鱼苗。生殖生理学家朱洗等研究人员对家鱼人工繁殖的理论和方法进行了深入的研究，于1958年秋季使鲢、鳙在池塘中人工繁殖成功并孵化出鱼苗，进一步丰富了家鱼人工繁殖的理论和技术。尔后，我国水产工作者又利用相同的原理和方法解决了草鱼、青鱼、鲮以及团头鲂、胡子鲶、中华鲟、长吻鮠、鲈鱼、牙鲆、大黄鱼等几十种水产养殖鱼类和珍稀鱼类的人工繁殖难题，使多种鱼类的混养、套养和生产的大发展成为可能。

2. 对催产剂的作用机制和鱼类的繁殖生理等进行了较深入研究，在国际上首先大规模将催产剂应用于鱼类人工繁殖，并首先合成了促黄体激素释放激素类似物——LRH-A，从而提高了鱼类催产效果和鱼类人工繁殖的生产效率。

3. 通过引种驯化、遗传育种、生物工程技术等方法，开发了大量的水产养殖新对象。特别是自20世纪90年代起，名特优水产品养殖的掀起，促进了水产养殖对象的扩大。主要有：中华鲟、史氏鲟、杂交鲟、俄罗斯鲟、虹鳟、银鱼、鳗鲡、荷元鲤、建鲤、三元杂交鲤、芙蓉鲤、异育银鲫、彭泽鲫、淇河鲫、胭脂鱼、露斯塔野鲮、大口鲶、革胡子鲶、长吻鮰、斑点叉尾鮰、黄鳝、鳜鱼、鲈鱼、大口黑鲈、条纹石鮨、尼罗罗非鱼、奥利亚罗非鱼、福寿鱼、鳗鲡、河鲀、大黄鱼、真鲷、牙鲆、石斑鱼、中华乌塘鳢等。成为鱼类增养殖业获得高产高效的有效保证之一。

4. 通过总结增养殖经验，对各类水域的高产高效理论、方法和养殖制度进行深入研究，探索出不同水域系列的水产养殖高产高效技术体系。并在较短的时间内在全国大面积推广应用，取得了明显的社会效益、经济效益和生态效益。在大中水面开发方面，将池塘养鱼高产技术引用到大中型水面进行围栏养鱼，结合湖泊水库特点，建立围栏养鱼的技术体系，使大中水面的鱼产量显著提高。

5. 对我国的几种主要养殖鱼类的营养生理需求进行了研究，探索它们对蛋白质、各种必需氨基酸、脂肪、碳水化合物、维生素及各种矿物质的需求，为生产鱼类配合饲料提供理论依据。近年来，已开始将配合饲料与我国传统的综合养鱼方法结合起来，加速了鱼类生长，提高了饵料利用率和经济效益。

6. 对我国主要养殖鱼类的常见病、多发病的防治方法进行了长期的研究，取得了可喜的成绩，基本上控制了鱼病的发生。近年来，病害防治的重点又着眼于改善养殖对象的生态条件，推广生态防病，实行健康养殖，从养殖方法上防止病害的发生，取得了较大的进展。

7. 由国家、集体和个人集资，对养殖环境和养殖设施进行改造。在池塘养鱼业方面，通过改造低洼地、盐碱地、河滩地，建立高标准、规格化、通水通路通电、渔机、饵料、肥料供应配套齐全，以精养鱼池组成的连片的商品鱼基地。在湖泊水库养鱼方面，改革网具材料、结构及加工工艺，大力发展“三网养殖”(即网箱、网围和网栏养鱼)。自20世纪80年代中期，海水鱼类的网箱养殖开始发展，目前其发展规模和经济效益已超过淡水网箱养鱼。

8. 以名特优苗种生产为中心的设施渔业蓬勃发展。自20世纪80年代起，我国名特优水产品增养殖业的掀起，对苗种的需要量急增。而名特水产苗种对不良环境的适度能力差，要求生态条件好。目前育苗温室设施包括以下几个系统：催产系统、系列育苗池系统、水处理系统、饲料与活饵料供应系统、供热保温系统、增氧充气系统、供电系统以及环境监测控制系统等。

9. 国家和各地行政、科研、教育、技术推广部门采取多种途径、多种渠道、多种形式，进行了中、高等水产科技教育和技术培训，培养了一大批水产养殖科技人才。

10. 初步建立起水产养殖业的服务体系。如苗种产销体系(包括原、良种场等)、水产技术推广服务体系、饲料供应体系和产品流通服务体系。实践证明，这些服务体系的建立保证了我国水产养殖的顺利、健康发展。

三、我国水产养殖业的特色

1. 水产养殖业已成为我国水产品增长的主要途径

世界上水产品的增长主要是依靠海洋捕捞业，而我国根据本国水产特点，走有中国特色的社会主义道路，大力发展水产养殖业。水产品的增长主要依靠养殖业。

2. 选用生长快、肉味美、食物链短、适应性强、饲料容易解决、苗种容易获得的鱼类作为我国的主要养殖鱼类

例如：鲢、鳙、草鱼、青鱼、鲤、鲫、鲂、鳊、鲮等都是我国传统的养殖对象。这是我们的祖先在长期的养殖过程中，从几百种野生鱼类中挑选出来的。这些养殖鱼类由于具有上述特点，其养殖的成本低，收入高，经济效益显著。

3. 充分利用各种饲料、肥料资源

包括当地天然饵料资源和某些有机肥料（如禽、畜粪便）以及农副产品加工后的废弃物（如糠、饼、麸、糟类）作为养殖鱼的饲料和肥料。

4. 立体混养

在同一水体中混养多种鱼类是我国劳动人民在长期的生产实践中，探索、积累的生产经验。混养是根据各种鱼类不同的生活习性、食性和栖息水层等生物学特性，按食性和栖息水层合理搭配、立体放养不同鱼类的养殖方法。它可以充分利用不同鱼类之间的互利作用和不同水层的饵料，最大限度地利用养殖水体的生产潜力。

5. 科学的养殖水质管理

养殖水体不仅是鱼类的生活环境，又是天然饵料的培育基地，也是有机物氧化分解的场所。3 个功能在一个水体中发挥作用，这就形成了养殖水体生态系统的良性循环。这种情况，在池塘养鱼中最为明显，又称为“三塘（养鱼塘、育饵塘和氧化塘）合一”。我国广大渔民和科技人员生产实践中掌握了一套鉴别和控制水质的有效方法，形成了有我国特色的池塘水质管理办法。

6. 综合养殖

我国水产养殖业在生产上以水产动物为主，水产动物、农（经济作物、蔬菜、花卉等）、牧（畜、禽养殖）三业配套；在经营上，贸、工（农副产品加工工业）、养三业联营；成为以水产动物为主、综合经营的副食品供应基地，是我国城市人民

“菜篮子”工程的重要组成部门。这种经营方式，简称综合养殖。通过综合养殖，将水产养殖与种植、畜牧、加工、环保、营销等行业有机结合起来，构成水陆结合的复合生态系统。通过这种有机结合，强调食物链的多级、多层次的反复利用，不仅合理利用了资源，提高了能量利用率，而且循环利用废物，避免了环境污染，保持了养殖业的生态平衡，也大大增加了水产品及其他动植物蛋白质的供应量，降低了成本，提高了经济效益。

四、渔业在我国国民经济中的地位和作用

渔业是我国国民经济中不可缺少的重要环节。它可以解决人类对食物尤其是蛋白质的需求，改变人民的食物结构，促进人民的健康。

1. 改善人民生活，增强人民体质

人体需要的营养，主要由蛋白质、碳水化合物、脂肪、维生素和无机盐构成。其中，蛋白质是人体营养组成中必不可少的部分，国际上把蛋白质的消费作为衡量食物组成和营养水平的主要标志。动物蛋白质比植物蛋白质易被人体吸收，因而更受重视。鱼肉与其他动物肉相比，更容易被消化和吸收。

2. 间接扩大可耕地面积

我国虽幅员辽阔，但人口众多，人均可耕地面积占有量较低。如果按 1 头猪出肉 50 千克计算，那么我国海洋渔业产量 500 万吨鱼相当于 1 亿头猪。而要养成 1 亿头商品猪则至少需要有 100 亿 ~150 亿千克的饲料量。以每公顷产稻谷 7 500千克折算，要生产 150 亿千克饲料，需要有 200 万公顷可耕地。现在直接从海洋中捕捞大量海产品，不需饲料量，也就间接地扩大了我国的可耕地面积。因此，渔业对大农业来说特别重要。

3. 促进工业、医药等行业的发展

自古以来，水产品一直是人类餐桌上的佳肴、令人喜爱的美

味食品。除食用外，水产品还是重要的工业原料。例如，鲨鱼皮、鲸鱼皮、海豚皮可以制成皮革，鱼油可用来制成肥皂、油漆、油墨等。马面鲀肝油可以代替桐油修船。鱼鳞可制成鱼鳞胶、盐酸、尿素、鳞光粉等。鱼鳞胶又是电影胶卷的重要原料。带鱼鳞可制成咖啡因，也可制成鸟嘌呤等多种生化试剂。鱼皮可熬胶作木材加工黏合剂。鱼头、鱼骨及其他废弃物可加工成鱼粉，用作饲料和农业肥料。鱼鳔既可作美味的鱼肚，也可炼制鳔胶或作外科手术的缝合线。鱼脑下垂体中可以提取激素等。

4. 促进相关行业的技术进步与发展

要使海洋捕捞业生产顺利进行，必须要有性能良好的渔船，各种不同用途的渔业机械，精确的助渔导航仪器，耐用可靠的动力机械，化学纤维及塑料制品，各种燃油和润滑剂等工业产品。渔业生产的规模愈大，对这些产品的需求也愈多，产品的要求也愈高，对这些行业的发展，也会相应地起促进作用。水产养殖业的发展，可促进饲料工业和养殖机械工业的发展。随着水产品的增多，需要及时保鲜加工、综合利用提高产值，这就对制冷工业和食品工业有很大的促进作用。

5. 扩大劳动就业

我国人口众多，可耕地有限，人均 1 000 平方米（1.5 亩）。充分利用水产资源，发展渔业生产，既可满足人民对水产品的需要，又可以解决部分劳动力的就业问题。

6. 提供出口、增加创汇能力

在国际市场上，多数水产品是畅销商品，出口换汇率较高。我国出口的工农业产品中，每创汇 1 美元平均需要人民币 2 元以上的商品，而水产品则只要 1 元左右。出口 1 吨冻对虾可换回几十吨小麦。1995 年，水产品出口为国家创汇突破 30 亿美元。因此，增加水产品出口量，可为现代化建设提供大量的外汇资金。

7. 渔业是农民致富的重要途径

开展水产养殖是农民多种经营、脱贫致富的有利途径。鱼是变温动物，能量消耗少，饲料转化率高，其经济效益比饲养家禽要高。养鱼可利用低产低洼地和滩涂地，不与种植业和畜禽饲养业争地。更重要的是，在农、林、牧、渔之间存在相互依存、相互制约、相互促进的内在生态联系。例如，塘水养鱼、塘基种桑、塘头养猪，猪粪肥水养鱼，塘泥肥田，形成一个“粮、桑、猪、鱼”相互促进的良性循环，从而取得粮桑丰收、猪鱼增产的良好经济效益。

第三章　水产动物养殖场地、设备与机械

一、养殖场地

（一）水质

养殖场地的水源水质要求应符合渔业水质标准（GB 11607—1989）。即养殖场应建在环境优良，水源水量充足、水质良好、不受工业“三废”、医疗、农业、城镇生活污染的水（区）域。场地区域内及上风处、水源上游没有对场地环境构成威胁的污染源，包括工农业、城市垃圾和废水等。

（二）土质

土质是土壤中含有沙粒、黏土粒及有机物质的量，其所含沙粒和有机物比例的不同，直接影响着池塘的保水性。

沙土、粉土等保水能力差，一般来说不宜建池；黏土保水性好，干时土质坚硬，吸水后呈浆糊状，可以建池，但要注意此类池塘干旱时堤埂易龟裂，冰冻时膨胀、冰融后变松软。

壤土介于沙土和黏土之间，含有一定的有机质，硬度适中，透水性弱，吸水性强，土内空气流通，有利于有机物分解，养分又不流失，而且池内天然饵料最易繁殖，池水也易肥，是最理想的建池土壤（图 3－1）。

（三）底质与环境

无公害水产品养殖池塘底质要求无工业废弃物和生活垃圾，无大型植物碎屑与动物尸体，无异色、异臭和有害有毒物质低于最高限量标准。

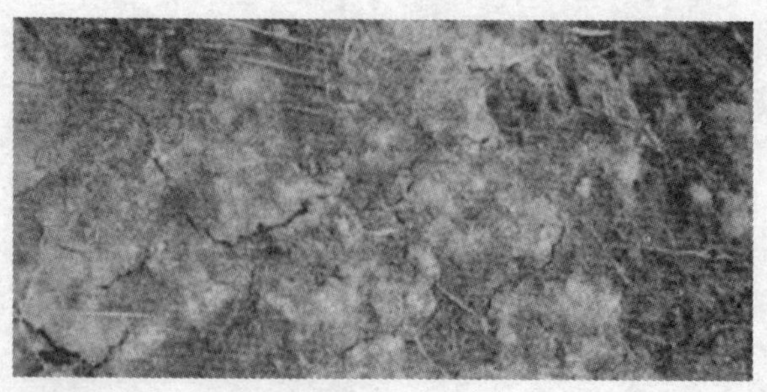

图3－1　壤土

（四）池塘

池塘的形状、朝向与养鱼产量有密切的关系。池塘的面积、深度和池底的形状与养殖方式息息相关。

标准化养殖池塘的要求：

（1）注排水方便；

（2）池形长方形，东西走向，长宽比为3∶1或2∶1；

（3）池堤牢固，土质好，不漏水；

（4）池底平坦，淤泥适量，无水草丛生；

（5）池塘向阳，光照充足，四周没有高大的树林和建筑物（图3－2）。东西向的池塘阳光日照时间长。在秋冬季，东西向且长方形的池塘，其坐北朝南的堤岸具有挡风防寒的作用。

图3－2　标准化养殖池塘（配备进排水系统、投饵机和增氧机）

二、养殖设备设施

（一）育苗设备与设施

养殖育苗场的设备与设施是指苗种生产和商品鱼生产过程中所用的供热、供气、供水、增氧、投饵、清池排污等机电设备和饵料培育池、苗种培育池、水泥精养池、土池养鱼池及其育苗生产和商品鱼生产中使用的工具的统称。

育苗设备与设施：

（1）供气设备　鼓风机、空压机、供气管道。

（2）机电设备　发电机、电动机、抽水机、柴油机。

（3）供热设备　锅炉、加热管、供热管道。

（4）供水设施　水塔、蓄水池、过滤池。

（5）育苗设施　亲鱼催产池、受精卵孵化池（图 3－3）、饵料池、育苗池、暂养池。

图 3－3　受精卵孵化池

（6）育苗工具　鱼苗网、鱼种吊水网箱、鱼筛（图 3－

4）、桶。

图 3－4 不同规格的竹制鱼筛

（二）活鱼运输设备

活鱼运输工具分为车运、船运和空运 3 大类。车运一般特指汽车运输，活鱼运输车有专门的供气和供水设施和设备（图 3－5）。

图 3－5 活鱼运输车

（三）水质测定仪

水质测定仪指测定水中溶氧量、酸碱度和盐度 3 大类水质指标的仪器。

三、养殖机械

（一）电动机（图 3－6）

电动机是所有养殖机械的主要动力来源，是将电能转换成机械能的机械。

图 3－6　电动机

（二）水泵（图 3－7）

水泵是养殖的抽水工具，它可以把水由低处提到高处或由近处输到远处，常用的有离心泵、潜水泵等。每一水泵的铭牌上都标注了水泵的型号、性能参数等，在养殖选用时应注意扬程、流量、功率等指标。

图 3－7　水泵

（三）增氧机

增氧机是高密度养殖必备的机械，常用的有叶轮式、水车式、射流式、充气式等。

1. 几种增氧机的外形

（1）叶轮式增氧机（图3－8、图3－9）

图3－8　叶轮式增氧机

图3－9　叶轮式增氧机工作状态

（2）水车式增氧机（图3－10、图3－11）

（3）射流式增氧机（图3－12、图3－13）

2. 增氧机的作用

增氧机是一种比较有效的改善水质、防止浮头、提高产量的专用养殖机械，增氧机可以起到增氧、搅水和曝气的作用。

图 3－10　水车式增氧机

图 3－11　水车式增氧机工作状态

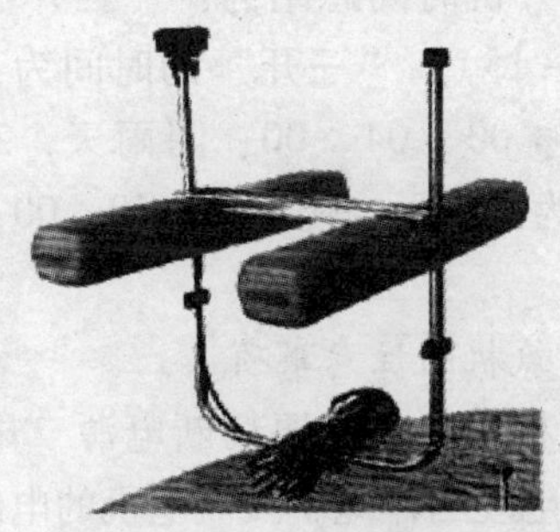

图 3－12　射流式增氧机

图 3－13　射流式增氧机工作状态

3. 增氧机的合理使用

增氧机的最适开机时间可采取：晴天中午开，阴天清晨开，连绵阴雨半夜开，傍晚不开，浮头早开，鱼类主要生长季节坚持每天开的原则。运转时间可采取：半夜开机时间长，中午开机时间短；天气炎热、面积大或负荷水面大，开机时间长，天气凉爽、面积小或负荷水面小开机时间短等措施。

增氧机的具体开机时间总结为："三开"（图 3－14）和"两不开"（图 3－15），"三开"的时间为：晴天，13：00～14：00；阴天，02：00～04：00；阴雨天，24：00～08：00。"两不开"的时间为：晴天，16：00～19：00；阴天，12：00～15：00。

4. 安全使用增氧机的注意事项

（1）安装增氧机时，一定要切断电源　电缆线在池中不可受张力，切不可将电缆当作绳子拉。电机的电缆线应用锁夹固定在机架上，不得垂入水中，其余部分按电工规定引到岸上电源处。

（2）增氧机入池后，扭力很大，要加以固定　增氧机在旋

图 3－14　增氧机“三开”状态

图 3－15　增氧机“两不开”状态

转时，产生的浪花很大，切不可乘坐某种浮体。

（四）自动投饵机（图 3－16）

自动投饵机种类多样，有移动式投饵船、投饵车和固定式投饵机等。抛撒饵料可用电动、气动等机械，也有采用鱼动装置。

（五）清淤设备（图 3－17）

清淤设备特指养鱼池塘底泥的清除机械机电设备。常见有清塘机组、漂浮式清淤机和水下清淤船 3 种。

图 3－16　自动投饵机

图 3－17　清淤泥船

第四章　适合于高产养殖的主要淡水鱼类

要想养好鱼，首先必须了解各种鱼类的生活习性，只有这样才能有目的地选择养殖的品种。目前，养殖最普遍的有青鱼、草鱼、鲢鱼、鳙鱼，也就是我们通常说的“四大家鱼”。另外，还有鲤鱼、鲫鱼、鳊鱼、鲮鱼、团头鲂等。近年来又增加了一些新兴的养殖对象和名贵品种，如罗非鱼、杂交鲤、鳜鱼、虹鳟等。

一、草鱼

草鱼又名鲩，常栖息于水体的中下层和岸边水草多的地方，属中下层鱼类，它最适合生长的温度为22～28℃（图4－1）。

图4－1　草鱼

草鱼在鱼苗阶段吃浮游生物，长到5厘米以上就逐渐转为吃水草。草鱼喜欢吃的水草很多，比如苦草、轮叶黑藻、小茨藻、菹草、眼子菜以及浮萍等都是它喜欢吃的。另外，人工投喂的菜叶、鲜嫩的旱草它们也很喜欢吃，还可投喂豆饼、花生饼、菜饼、糖糠、酒糟及粮食等青饲料。

草鱼生长很快，一般1龄鱼就可达0.75~1千克，4龄鱼可达7.5千克。

二、青鱼

青鱼的形状和生活习性是和草鱼差不多，但吃的东西却大不相同（图4-2）。

图4-2 青鱼

青鱼属肉食性鱼类，它的食物以软体动物中的小蚬、螺蛳、河蛤为主。人工喂养可用豆饼、菜子饼、酒糟等。

在四大家鱼中，青鱼的个体最大，生长最快，在食物充足的情况下，一年可以长到5千克左右。

三、鲢鱼

鲢鱼的生长温度与草鱼、青鱼相同，它喜欢活动于水的上层，性急，爱跳跃（图4-3）。

图4－3　鲢鱼

主要吃浮游植物，如硅藻、甲藻、金藻、黄藻等。人工喂养时，可用豆浆、豆渣、米糠等饲料，或用人畜粪肥水，培育浮游生物。

鲢鱼生长也较快，8 厘米的鱼种当年可长到 5 千克以上。

四、鳙鱼

鳙鱼又叫花鲢。体形像鲢鱼，性情比较温顺，不善跳跃，它生活于水的中上层，适宜生长温度是 25～30℃。主要以轮虫等浮游动物为食，人工喂养时可用豆渣、酒糟等饲料（图4－4）。

图4－4　鳙鱼

生长速度比鲢鱼还快，在池塘养殖条件下，1 年就可以长到 0.75～1 千克。

五、鲤鱼

鲤鱼是我国江河中最常见的鱼。对水质要求不高，适应性很强，水温 15～30℃的范围都能生长，它的食性很杂，不论是动物性、植物性的饵料都吃，人工喂养时可喂些豆饼（图 4－5）。

图 4－5　鲤鱼

六、鲫鱼

鲫鱼也是常见的经济鱼类之一，体形像鲤鱼但较小，生活在水体的底层，属底层鱼（图 4－6）。具有比鲤鱼更强的适应性，能经受 0℃的低温和 0.1 毫克/升以下的低氧，在 pH 大于 9.8 的水体中也能生存。鲫鱼也是杂食性鱼类，几乎什么都吃，比较好养。

图4－6　鲫鱼

七、鳊鱼

鳊鱼也是重要的养殖鱼类，栖息于水的中下层，为草食性鱼类，但在寒冷季节水草不长时，也采食一些小杂鱼和水生植物的种子（图4－7）。对人工投喂的蔬菜叶、鲜嫩旱草和商品饲料也很爱吃。

图4－7　鳊鱼

八、团头鲂

团头鲂就是有名的武昌鱼，原产于长江中游的梁子湖，从1966年逐步在全国推广（图4－8）。

图4－8 团头鲂

团头鲂也是草食性鱼类，以水草、苦草、轮叶黑藻为主要食料。

九、鲴鱼

鲴鱼生活在水体的中下层，人工孵化的适宜水温是20～27℃，主要的食物是藻类、水底下的有机碎屑。

鲴鱼生长快，易捕捞，病害少，肉细嫩，又不与其他鱼争食，是一种很好的池塘搭配养殖品种。

第五章　养鱼用的饲料

一、鱼类饲料的种类

（一）天然饵料

鱼类的天然饵料包括浮游生物、漂浮生物、底栖动物、水生大型植物、有机碎屑等。

浮游生物是悬浮生活于水层中、肉眼难以看到的小型生物，它分为浮游植物和浮游动物两个类群。浮游植物主要包括绿藻、金藻、黄藻、甲藻、硅藻、隐藻、裸藻和蓝藻等几个门的种类以及各种浮游细菌（图 5－1）。浮游植物细胞内含有色素体或色素，能进行光合作用制造营养物质，并放出氧气改善水中溶氧状况，它们的繁殖能力很强，是滤食性鱼类（特别是鲢）的主要饵料。

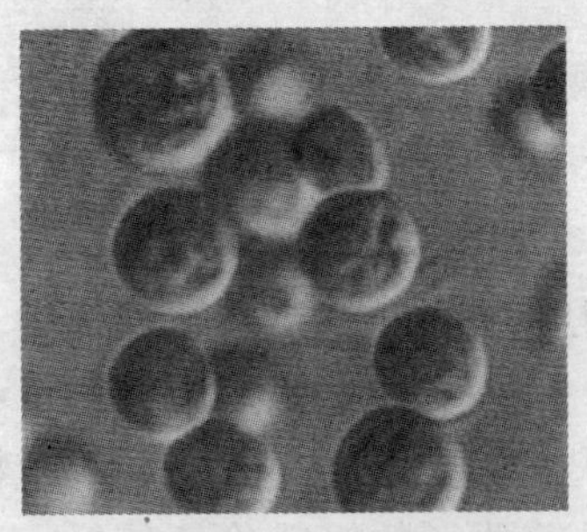

图 5－1　小球藻

浮游动物主要包括原生动物、轮虫（图 5－2）、枝角类（图 5－3）和桡足类，不仅是滤食性鱼类（尤其是鳙）的主要饵料，而且还是很多鱼类幼鱼阶段的食物。

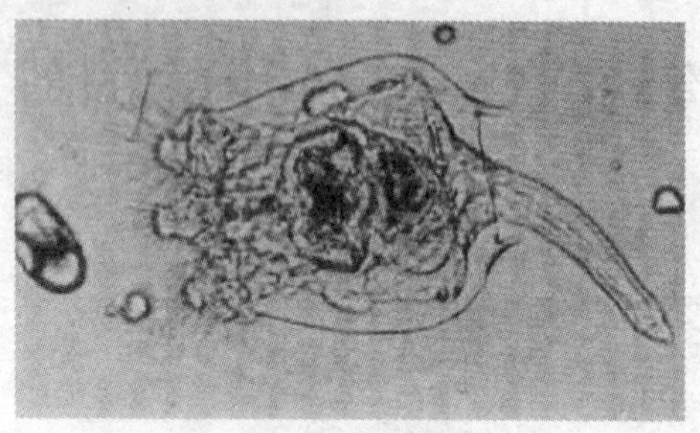

图 5－2　臂尾轮虫

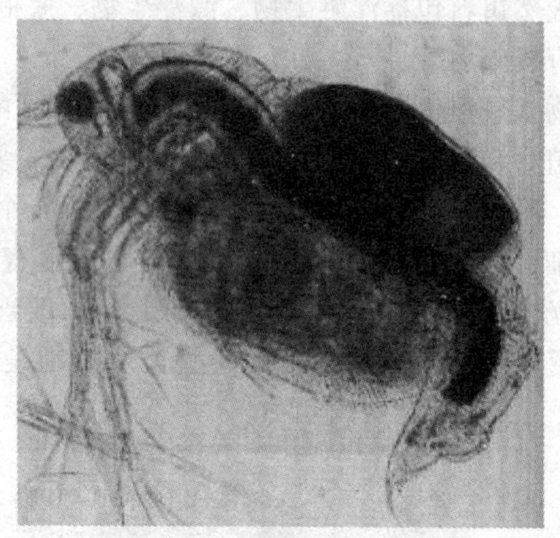

图 5－3　裸腹溞（枝角类）

底栖动物是栖息于水底的寡毛类、线虫类、软体动物和水生昆虫的幼虫，是杂食性鱼类的优良饵料（图 5－4）。

水生大型植物主要包括挺水植物、浮叶植物、漂浮植物和沉水植物 4 类。通常前两者的饵料价值较低，而后者（如聚草、轮叶黑藻等）是草食性鱼类重要的天然饵料。

周丛生物是在水底相对固着生活的生物，淡水周丛生物一般由小型动物、植物组成，主要是丝状绿藻、硅藻、原生动物、轮

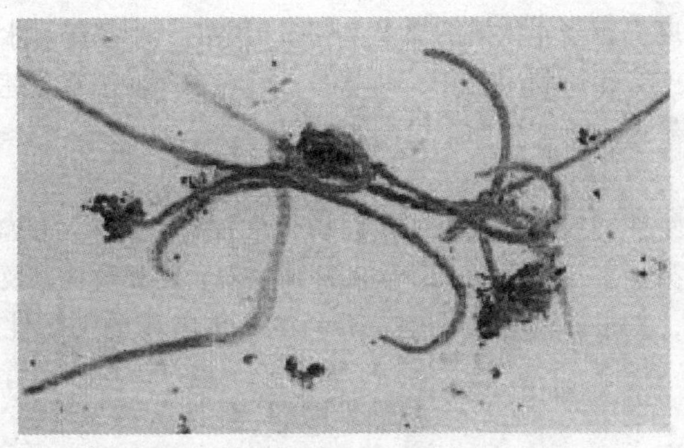

图 5－4　水丝蚓

虫、环节动物等。它们是鲴、罗非鱼等的饵料。

有机碎屑是水体中动物、植物尸体的碎片残渣和大量的细菌絮团，具有一定营养价值。

（二）人工饲料

1. 植物性饲料

（1）谷实及其制品　包括禾本科的玉米、高粱、大麦、稻谷和豆科的黄豆、蚕豆、豌豆等。

（2）食品工业副产品　油饼类的豆饼、棉饼、菜籽饼，糠麸类的米糠、麸皮及糟渣类的酒糟、酱油糟、豆渣等。

（3）新鲜青料　水生或陆生草类既可以直接饲养草食性鱼类，也可用来培养浮游生物饲养鱼苗。

常用的水生植物有芜萍、小浮萍、紫背浮萍、菹草、苦草、黄丝草、轮叶黑藻、小茨藻等；陆生植物有黑麦草、苏丹草、小米草、聚合草、苦荬草等。

随着水产养殖业的发展，必须大力发展种草养鱼，才能弥补饲料不足的问题。各种陆生、水生植物的种植关键是要搞好茬口的衔接，如长江流域地区，上半年以前一年秋播的黑麦草、三叶草为主，第三季度则以当年春栽的苏丹草、象草、苦荬草为主，第四季度仍用当年秋播的黑麦草和多年生的三叶草等。水生植物方面，上半年可利用芜萍、稗草等，第三季度增用水浮莲、水葫芦、喜旱莲子草，第四季度利用浮萍。

2. 动物性饲料

动物性饲料营养完全，蛋白质含量较高（40% ~80%），氨基酸种类丰富且较平衡，并含多种维生素，钙和磷含量及比例均较适中，是很好的鱼类饲料。养鱼生产中常用的动物性饲料有螺、蚌（图5－5）、蚬、蚯蚓、水蚤、蚕蛹、鱼粉、肉骨粉、蝇蛆等。

图5－5　河蚌

3. 配合饲料

所谓配合饲料，是按照鱼类营养需要，将各种不同营养成分的饲料按一定比例配制、加工而成的产品。与传统的单一饲料相比，配合饲料具有很多的优越性：首先，可以保证鱼类在最佳营养条件下生长，提高了饲料的利用率，从而获得良好的生产效益和经济效益；其次，可以预防鱼病，且贮藏、运输、投喂方便；最后，扩大了饲料的来源，可以因地制宜开发各种饲料资源。

二、养鱼用饲料的使用方法

俗话说“兵马未动，粮草先行”，那些“白水养鱼，人放天养”的鱼是不可能长得好的，所以用饲料喂鱼是人工养鱼的重要手段。

现在，用饲料养鱼可分为无机肥养鱼、有机肥养鱼、青饲料养鱼和配合饲料养鱼。这几种饲料养鱼各有千秋，还得根据各地的具体条件因地制宜地选择。

（一）有机肥养鱼

有机肥养鱼就是向池塘中投放有机粪肥，跟种田向地里施肥一样，可以补充水中的营养物质，培养天然饵料。这是一种节约粮食和人工饲料的好方法，也是提高鱼产量的重要措施。

投放有机粪肥以后，浮游生物可以很好地生长起来，这些浮游生物是鱼苗、鱼种和鲢、鳙、罗非鱼生长阶段中必不可少的天然饵料。

有机肥料优点很多，来源广泛，营养成分比较全面，是肥效较好又比较经济的肥料。有机肥料包括鸡粪、猪粪、人畜粪肥、绿肥和塘泥等。

在施肥前，粪肥要妥善贮存，减少养分流失。用腐熟粪肥作基肥或追肥时，通常是将粪捣烂搓碎，拌成稀浆粪水均匀泼到池中，不要洒干块，否则，粪块堆积池底被淤泥覆盖，不仅不能充分发挥作用，还将恶化水质。水温低时，可将粪肥堆放在向阳的浅滩处，每 2 ~ 3 天搅动一次，加速粪渣的扩散。

绿肥一般先做堆肥，可堆放在池边的浅水处，每 2 ~ 3 天翻动一次，加速液汁扩散。堆泥施肥可原地搅动，使泥中养料悬浮水中，也可将堆肥捞出与石灰混合泼洒。

有机肥养鱼有很多的优点，但过量的使用会污染水质，减少水质污染的方法是：掌握好施肥的数量，这样既繁殖了天然饵料，又尽量减少恶化水质的副作用。粪肥作基肥一般每亩放300~500千克，绿肥一般每亩放500千克左右。

（二）无机肥养鱼

无机肥养鱼就是用化肥肥水养鱼，它具有成分准确，对池水污染轻，肥效快，运输方便等优点。

无机肥包括氮肥、磷肥、钙肥，常用的氮肥有碳酸氢氨、硝酸铵、氨水、尿素等。磷肥以过磷酸钙为主，钙肥主要是生石灰。

无机肥可以作基肥，也可以作追肥。施肥时要适当掌握用量，以防水质恶化。作基肥时一般每亩施氮肥1.5~2.0千克，用氨水作追肥时，5~6天一次，每亩施含氮的氨水5.0~10.0千克。磷肥用量略少于氮肥。钙肥作追肥时，每次每亩用生石灰5.0~10.0千克，溶解后均匀泼洒。

（三）青饲料养鱼

青饲料养鱼就是用各种新鲜的陆生植物和水生植物直接或经简单加工后投到鱼塘中作为鱼的饵料，主要用来喂养草食性鱼类。

青饲料来源广泛，营养丰富，成本低，产量高。多年来的养鱼实践证明，青饲料在发展养鱼生产中有着特别重要的意义，是每个养鱼场都应该掌握的一种养鱼方法。

可以喂鱼的青饲料有很多，如陆生植物中主要有苏丹草、黑麦草，豆类植物的茎叶，青菜及多种野生青草等。水生植物主要有漂沙、浮萍、眼子菜、轮叶黑藻、苦草等，这些都是草食性鱼类爱吃的食物。

（四）配合饲料养鱼

配合饲料养鱼就是根据不同鱼类生长所需要的营养，选择各种含有不同营养成分的原料，按照科学的方法，配合加工成不同形状的饲料。用这种饲料喂鱼比用单一饲料直接投喂营养全面，利用率高，可以有效地促进鱼类的生长，增加产量，提高经济效益，是精养高产应大力采用的科学养鱼方法。

1. 配合饲料的原料

配合饲料的原料来源很广，目前我国配合饲料的原料大致归纳为：精料、粗料和添加剂。

精料有豆饼、尾粉、大麦、小麦、菜饼、棉饼、稻谷、米糠、鱼粉、饲料酵母等。

粗料有稻草、麦秸、牧草及各种野生青饲料等。

添加剂就是在饲料中加入鱼类营养所必需而饲料中缺乏的那些成分，如硫酸锌、硫酸锰、硫酸铜、硫酸亚铁、氯化胆碱，多种维生素，抗生素，抗氧化剂和防病药物等。

2. 配合饲料的制作

制作配合饲料时，首先考虑的是饲料中蛋白质的含量，一般幼鱼所需的蛋白质多于成鱼，根据目前我国的养鱼情况，饲料中蛋白质的含量不能低于20%，否则影响养鱼效果。

3. 配合饲料的生产

配合饲料的生产方法很多，目前使用配合饲料主要有软颗粒饲料、硬颗粒饲料和膨化颗粒饲料（图5－6）3种。

图5－6　膨化颗粒饲料

4. 配合饲料的配方

下面介绍几种营养好、价格低廉的配合饲料的配方：

（1）草鱼配合饲料：单位（%）

鱼粉3　豆饼粉10　大麦粉30　麸皮32.5　植物油3　矿物质1.5　另加维生素混合剂可制成膨化颗粒饲料。

（2）鲤鱼配合饲料：单位（%）

鱼粉 15　豆饼粉 50　米糠 15　麸皮 15　抗生素 1　矿物质 1　脚粉 1　黏合剂 2　维生素微量元素 1。

5. 计算投放配合饲料数量的方法

在投喂配合饲料之前，先根据放养鱼的数量与规格，估计出各种鱼最终出池的规格，计算出净产量，再根据颗粒饲料的质量，制定其每增重 0.5 千克鱼所需饲料的斤数，最后计算出该鱼池全年配合饲料的作量。

三、养鱼用饲料的投饲技术

（一）投饲量的确定

投饲量是指一定时间内（通常是 24 小时）投放到某一养殖水体中的饲料量。投饲率也叫日投饲率，是指每天所投饲料量占养殖对象体重的百分数。日投饲量是实际投饲率与水中载鱼量（指吃食鱼）的乘积。

（二）养鱼投饲技术

1. 投饲次数和时间

（1）无胃鱼类　对草鱼、团头鲂、鲤鱼、鲫鱼等无胃鱼，采取多次投喂可以提高消化吸收率和饲料效率，每天投喂次数以 3～4 次为宜。例如，进行网箱养殖的时候，第一次投喂应从 7：00开始，最后一次投喂应在 18：00 结束，每次投喂时间应持续 20～30 分钟。

（2）有胃鱼类　斑点叉尾鮰、虹鳟、鳗鲡等有胃的肉食性鱼类每天投喂 1～3 次就可达到最大增重率。例如，进行池塘养殖的时候，第一次投喂应从 8：30 开始，最后一次投喂应在 16：00结束，每次投喂时间应持续 20～30 分钟。

2. 投饲场所的选择

遵循“四定”的原则，应选择好投饲场所。特别是池塘养鱼，食场应选择向阳、滩脚坚硬，最好有螺蛳壳的地方，以利鱼类摄食。塘泥较多的地方，当饲料落入塘底，由于鱼争食时搅动池水，饲料会很快混入底泥中而造成浪费。根据养殖的实际情况，也可搭设各种饲料台，进行定位投饲（图5-7，图5-8）。

图5-7　池塘中搭建的投饲台

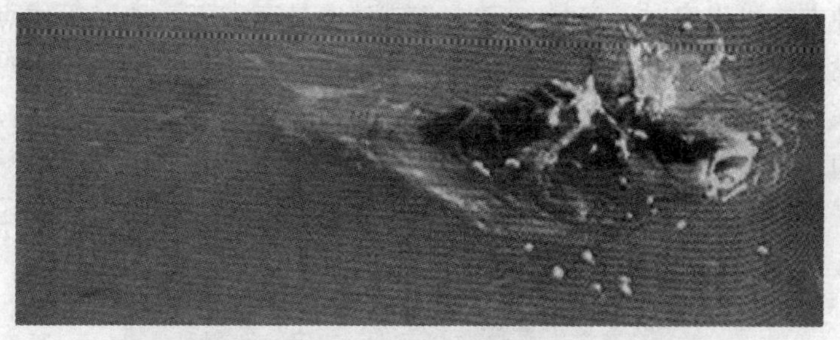

图5-8　鱼浮上水面摄食

3. *投饲方法*

开食后要对养殖鱼类进行摄食行为训练，若水体较大，在投饲时可以给予一定的声音刺激，一般情况下养殖鱼类经过1周的摄食训练就可以形成摄食条件反射，聚集到食场来摄食。鱼类养殖的投饲分人工手撒投饲和投饵机投饲两种方式。

（1）人工手撒投饲（图5-9）　即用人工将饲料一把一把地撒入水中，可以清楚看到鱼的实际摄食情况，对每个池塘每个网箱灵活掌握投喂量，做到精心投喂，有利于提高饲料效率，但是费工、费时。对于中小型渔场，劳力充足或者养殖名特优水产动物，此种投饲方式值得提倡。

图 5-9　人工手撒投饲

（2）投饵机投饲（图 5-10）　利用自动投饵机投饲，这种方式可以定时、定量、定位，同时也具有省工、省时等优点。投饵机的使用：安装投饵机的位置应面对鱼池的开阔面，水位要深，以利鱼抢食，两池并列可共用一个投饵机，底盘做成活动的，转个方向即可，调好投撒的远近距离及间隔时间；每周要人工投喂 1 天，记录鱼的吃食量，1 周内就按此量投饵。

图 5-10　投饵机投饲

第六章　鱼类的人工繁殖技术

每一种鱼类的生殖对环境都有一定的要求，而家鱼在繁殖时，对环境的要求是比较特殊的。在江河湖泊里，性成熟的家鱼每逢繁殖季节，都要在有一定的水流、水温的环境条件下逆流而上，才能繁殖它们的子孙后代。

家鱼的性腺从发育到成熟不但有体内的生理因素，还要通过外界环境的水温、水流对鱼的眼睛、皮肤、侧线等感觉器官的不断刺激，这些刺激传递到鱼的脑垂体，使脑垂体分泌性腺激素，性腺激素再随血液传递到卵巢、精巢，才能激发精、卵的成熟和排放。

池塘由于不能像江河那样给家鱼提供所需要的生态条件，因此就无法自然繁殖后代了。要想让家鱼在池塘里繁殖，必须采取人工繁殖技术。

一、亲鱼的培育

人工繁殖技术首先要重视对亲鱼的培育，亲鱼是指用于繁殖的雌鱼和雄鱼。对亲鱼的培育是一件长年细致的工作，必须固定专人负责，加强日常管理。

（一）亲鱼的选择标准

1. 种质选择

用来繁殖的亲鱼必须从原种基地引进的生长速度快、肉质好、抗逆性强的原种后备亲鱼（或鱼种）。引进的后备亲鱼必须要有较大的数量，一般每种、每批至少在 200 尾以上（鱼种在 1 000尾以上）。

2. 性成熟年龄和体重选择

一般挑选适龄、个体硕大、生长良好的亲鱼。鲢是3~4龄，草鱼和鳙是4~5龄，同时，还应该选择同龄中个体较大、体壮、无病、亲缘远的成鱼作亲鱼。

3. 体质选择

在已达性成熟的年龄的前提下，体重越重越好。要求体质健壮，行动活泼，无病、无伤。避免将初次性成熟个体作为亲鱼，也不宜采用进入衰老期的个体。

(二) 亲鱼培育池的条件

亲鱼池的位置最好选择邻近水源、排灌水方便的地方，并尽可能靠近催产地，这样便于管理和操作。

水质较肥、保水性强的池塘宜作鲢、鳙的培育池，水质较适宜作为草鱼的培育池。一般面积为2~4亩，水深2.5米左右为宜。另外，亲鱼池的清整必须每年进行，主要是铲除池底过多的淤泥，维修和加固塘埂，清除野杂鱼，为亲鱼生长创造一个良好的生态环境。

(三) 亲鱼培育的措施

首先要加强投饵，草亲鱼从3月份开始，以青料为主，精料为辅，结合喂养。鲢、鳙亲鱼每2~3天施1次肥，每两周冲水1次。另外，还得每日巡塘，加强预防鱼病的工作。开春以后，水温回升，亲鱼摄食旺盛起来，性腺迅速发育成熟后就可以进行催产了。

(四) 雌、雄亲鱼的鉴别

催产前先拉网打捞亲鱼，分辨雌、雄亲鱼，雌亲鱼胸鳍宽而短，雌鱼腹部比较膨大，轻软而有弹性。而雄亲鱼则胸鳍狭长(图6-1)。雌亲鱼生殖孔红润，轻轻挤压腹部，卵粒自然流出。而轻压雄亲鱼的腹部，即有大量的乳白色精液流出。

(用手顺鳍条抚摸，有粗糙刺手感的为雄鱼，光滑的为雌鱼)(图6-1)。

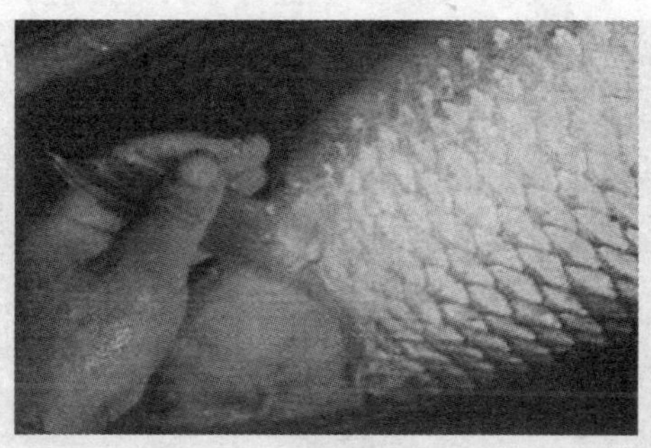

图 6－1　摸胸鳍鉴别雌雄

（雄鱼的胸鳍狭长几乎达到腹鳍，雌鱼的胸鳍相对较短而呈扇形）（图 6－2）。

图 6－2　左雌右雄

（雄鱼肛门和泄殖孔下凹不红肿，成熟雄鱼轻轻挤有精液流出；雌鱼胸部明显膨大，肛门、泄殖孔红肿凸出，呈圆形）（图 6－3）。

（五）雌、雄亲鱼的配组

如果让雌、雄亲鱼自行产卵受精，则雄鱼要稍多于雌鱼，一般采用 1∶（1.1～1.2）的比例。采用人工授精的方法，雄鱼可

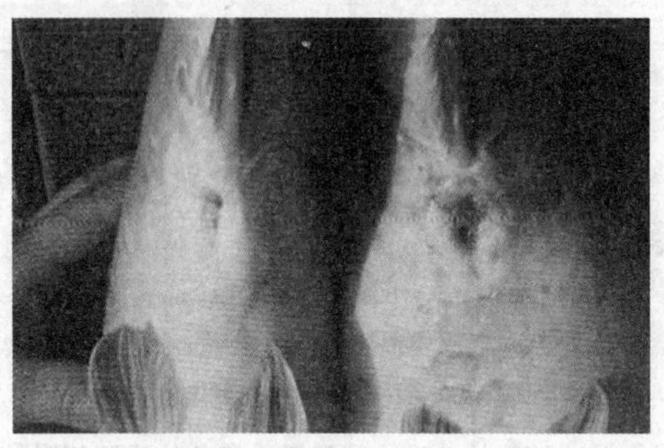

图6－3　左雄右雌（鲤鱼）

以少于雌鱼，一尾雄鱼的精液可供2～3尾同样大小的雌鱼使用。

二、催产技术

（一）催产药物

目前我国广泛使用的催产剂主要有3种，即鲤鱼脑下垂体（图6－4）（PG）、绒毛膜促性腺激素（HCG）、促黄体素释放激素类似物（LRH-A）（图6－5）。另外，还有可提高催产效果的辅助剂，如马来酸地欧酮（DOM）。

（二）催产设备及工具

1. 产卵池（图6－6）

产卵池的形状有椭圆形和圆形2种。由于后者具有水流通畅、受精率高、集卵快等优点，目前全国各地普遍使用圆形产卵池。它由产卵池、集卵池和排灌设施组成。直径8～10米，圆形产卵池面积60～100平方米，水深1.5米左右，每次可放亲鱼60～100千克。集卵池为长方形，长2.5米，宽1.5米左右。

2. 亲鱼网

用于捕捉亲鱼，网目为1.5～2.0厘米，且材料要柔软较粗，

图6－4 鱼类脑垂体

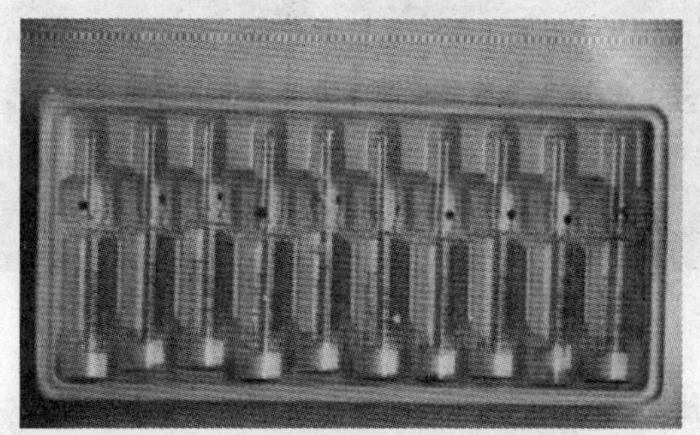

图6－5 促黄体素释放激素类似物

图6－6 产卵池

以免伤鱼。网高为5~7米，长度随鱼池的宽度而定，一般为鱼池宽的1.4倍左右。上网装浮子，下网装沉子。

3. 亲鱼夹和采卵夹

亲鱼夹（图6－7）是提送亲鱼的运输工具，采卵夹则进行人工授精时提鱼的工具。两种夹规格完全相同，只是采卵夹在亲鱼夹的后端挖一个洞，使亲鱼的精、卵从此洞流出便于人工授精。

图6－7　亲鱼夹

4. 其他工具

注射器（1毫升、5毫升、10毫升）、注射针头（6号、7号、8号）、消毒锅、镊子、研钵、量筒、温度计、秤、托盘天平、解剖盘、毛巾、纱布、药棉等。

（三）人工催产的步骤

1. 选择适宜的催产期

（1）观察亲鱼的性腺发育和摄食活动　在催产前15天左右，有选择地拉网检查，如发现雌鱼腹部饱满、柔软，雄鱼有精液，待水温适宜即可催产。反之，则应推迟催产期，进行强化培育。临产前，亲鱼吃食量减退，草鱼不吃草或吃草减少，清晨和傍晚亲鱼躁动不安，鱼塘内产生波纹和回旋的水窝，这些都是性腺已成熟的反映。

如果天气晴好，水温稳定在18℃以上，并能保持6～7天，即可开始催产。

催产早期：如果遇到寒潮来临，不宜催产，待寒潮过后，水温上升至18℃以上，第一批选择几组草鱼或鲢鱼，进行试产，力争取得成功。此阶段应尽量挑选成熟好、有较大把握的亲鱼先做。

催产中期：水温适宜且较稳定，大部分亲鱼已发育成熟，凡是后腹松软者都可进行催产。

催产后期：水温较高，南方地区有时水温会超过30℃以上。如发现亲鱼腹部过于膨大而缺乏弹性，说明性腺已开始退化，催产效果差。

（2）催产顺序　几种主要养殖鱼类催产顺序大致为草鱼—鲢—鳙—青鱼。

2. 捕捞成熟亲鱼

捕捞工具及催产工具的准备。仔细检查亲鱼网有无破损，将产卵池清洗干净备用；对催产工具，如针筒、针头、研钵煮沸消毒；选捕亲鱼最好从下风处下网，两人踩网，池的左右分别由3～4人拉住网的两端。如捕捞鲢，要求在亲鱼网上设盖网或在上纲安装支架，以防亲鱼跳跃逃跑；网移动时，必须将下部贴底，两边同步移动，注意节奏，切忌忽快忽慢，上下尽时配合一致；起网时，底纲紧贴池边，岸上的人迅速拉动底纲，同时另下去2人协助选鱼。当亲鱼被围集后，因受惊而乱窜（特别是草鱼和鲢），此时不宜强行捕捉，最好稍等片刻再动手，以免亲鱼受伤；下水选鱼的人应侧身对网站立，防止被亲鱼撞伤。抓鱼时动作要轻快，用一只手托鱼的头部，另一只手托鱼的腹部。如果鱼躁动不安，可用手从头部到尾轻轻地抚模几下，亲鱼就会安静，然后用两只手迅速地将亲鱼放入鱼夹中。操作中应避免用力抓鱼的尾柄。

3. 选择成熟亲鱼

雌鱼成熟度的好坏，生产上主要是根据亲鱼腹部的大小、弹性和松软程度等外观特征，并结合挖卵进行观察判断。

雄亲鱼的选择是将亲鱼腹部向上，轻挤后腹部两侧，有乳白色的浓稠精液流出，遇水后能迅速散开，说明性腺发育良好。如果精液较少，入水后呈细线状不宜散开，表明成熟度不够。

4. 催产剂的注射

（1）剂量　催产剂的剂量应根据环境情况条件、亲鱼成熟情况、催产剂的种类和质量等具体情况灵活掌握。通常在催产早期和晚期、成熟较差以及多年催产的亲鱼，可适当加大剂量，催产中期适当降低。另外，北方地区催产亲鱼的剂量比南方要大，几种家鱼注射的剂量详见表 6－1。

表 6－1　催产剂的有效剂量　（每千克体重）

鱼类品种	单一使用			混合使用		
	PG（毫克）	HCG（国际单位）	LRH-A（微克）	PG（毫克）	HCG（国际单位）	LRH-A（微克）
鲢	4～5	1 000～2 000	30～60	1	500～600	10～20
鳙	4～6	1 200～1 500	30～60	1.5	500～600	10～20
草鱼	4～5		10～30	1～2	200～500	10
青鱼	5～6			3～4	800～1 200	15～30

（2）注射次数　1 次注射是指将剂量一次全部注入鱼体；二次注射则是第一注射总剂量的 1/7～1/10，经过数小时后，再注射完剩余剂量，因二次法注射亲鱼发情产卵时间集中、催产率高等优点，目前生产单位较普遍地采取二次注射法。如果亲鱼性腺发育好，水温适宜，也可以用一次注射法。但是雄鱼通常只注射

1 次，即在对雌鱼注射第二次时给雄鱼注射。两次注射的间隔一般根据水温而定，水温高，时距短；水温低或亲鱼成熟不太好时，时距长，一般为 6 ~ 12 小时。

（3）注射时间　生产中主要是根据天气变化、效应时间和工作方便等实际情况灵活掌握。如采取二次注射，第一针在上午进行，第二针在傍晚或晚上进行，亲鱼一般在次日清晨产卵。若是一次注射法，则在下午注射，次日清晨产卵。在昼夜温差大和气候寒冷的地区，为了使亲鱼能在一天中水温较高和稳定的时候产卵，可相应推迟二次注射时间。我国中部和南部地区，有时在催产中后期水温较高，所以最好安排在一天中气温较低的时候拉网和注射，使亲鱼在清晨产卵。

（4）注射方法　有体腔注射（图 6 – 8）和肌内注射（图 6 – 9）两种，生产上普遍采用前者。体腔注射时，一人将鱼夹中的鱼侧卧，让胸鳍部位露出水面，另一人将胸鳍轻轻打开，右手持注射器并用食指托住针头，在胸鳍基部无鳞处朝鱼体前上方与鱼体轴成 45°角刺入体腔 1.5 ~ 2 厘米，徐徐注入药液。注射完毕立即拔出针头，用棉球蘸酒精或碘酒揉几下针孔处，防止注射液溢出。肌内注射时在背鳍与侧线之间的部位，用针尖挑起一片鳞片并向前刺入肌肉，慢慢地注入药液。注射之前先要排出注射器内的空气。在注射中如果亲鱼突然跳起，应迅速拔出针头，待鱼安静后换一胸鳍再注射。

（5）注射液的配制　LRH-A、HCG 和脑垂体需要注射用水（0.6% 氯化钠溶液）溶解或制成悬浮液。垂体的配制是先将所需垂体放在干净的研钵内充分研碎，加入少许注射用水，研成悬浮液，慢慢吸于注射器内备用。HCG 和 LRH-A 为白色干燥粉状（有的 HCG 呈淡黄色粉状），都易溶于水，配制时先用注射器吸取少量注射用水注入瓶内，摇动小瓶使其溶解，吸出后再根据所需用量进行稀释即可。配制注射液应做到现配现用。注射用水量应根据亲鱼大小而定，一般控制在每尾 1 ~ 3 毫升；根据亲鱼的

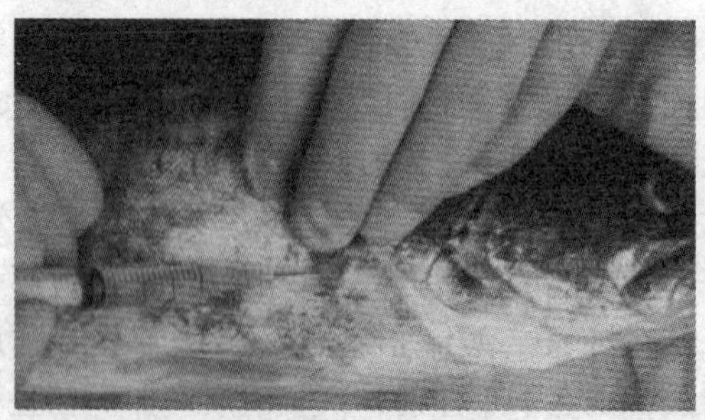

图6-8 体腔注射

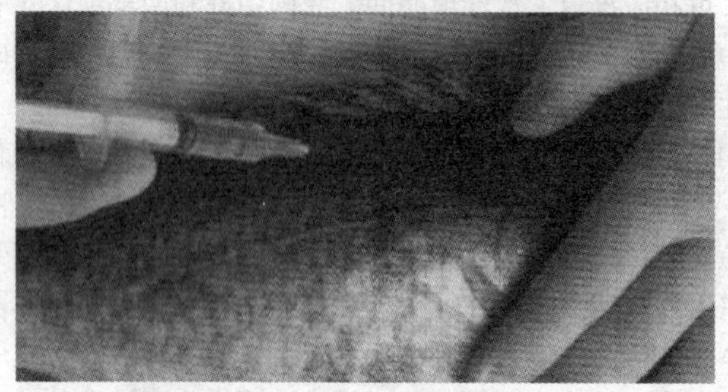

图6-9 肌内注射

重量、催产药物的剂量，用水量计算出催产剂和水的总量，在此基础上增加10%，以补充在配制和注射时的损耗。

5. 注射后的管理

要注意观察效应时间。亲鱼自注射催产剂（末次注射后）到发情产卵这段时间，称效应时间。效应时间的长短主要由水温决定。水温低，效应时间长，水温高，则效应时间短。根据生产经验，水温每升高或降低1℃，效应时间大约要减少或增加1~2小时。效应时间长短还与催产剂种类、注射次数等有关。几种常用的催产剂的效应时间长短是PG < HCG < LRH-A。另外，二次注射法的效应时间比一次注射的短。

亲鱼注射后放入产卵池，应立即冲水1小时左右，并在产卵池四周装盖网，防止亲鱼跳出池外。

发情前2~3小时冲1次水，临近发情前停止冲水。

（四）产卵与受精

1. 自然产卵受精

发情的亲鱼达到高潮时，雌鱼侧卧水面，腹、尾部剧烈摆动排出卵子，雄鱼立即排精，完成受精过程。

当亲鱼开始产卵时，应关闭集卵池阀门以让池水形成水流，有助于精卵充分混合和受精卵吸水。产卵后1小时再开启阀门收卵。值班人员要及时将鱼卵从集卵箱中舀出放入孵化设备中，或者打开阀门让受精卵随水流直接进入环道。

2. 人工授精

（1）湿法授精　亲鱼发情（图6－10）至高潮后，立即拉网检查，如轻压腹部，鱼卵能自动流出，用手压住生殖孔，将鱼卵集入盛有少量清水的面盆中，立即挤入精液，轻轻地搅拌或摇动。

图6－10　亲鱼发情

（2）半干法授精　将精液用生理盐水稀释后倒入卵盆受精，或者将卵放入装有稀释精液的盆中受精。

（3）干法授精　准备好干净的脸盆，将鱼夹和鱼体上的水分擦干，让鱼卵流入盆内，同时挤入精液，用羽毛轻轻搅1～2分钟，加入少量清水漂洗几次，倒去浑水即可放入孵化器中。

三、人工孵化

（一）孵化设施

生产上常用的孵化设施有孵化桶（图6－11）（缸）、孵化环道及孵化槽等。基本原理是造成均匀的流水条件，使鱼卵悬浮于流水中，在溶氧充足、水质良好的水流中翻动孵化，因而孵化率较高（80%左右）。一般要求内壁光滑，没有死角，不会积卵和积苗。每立方米水可容卵100万～200万粒。

图6－11　塑料孵化桶

被收集起来的受精卵，放入用水泥修筑，内装有滤水纱窗的孵化环形水池中。鱼卵入池前要用高锰酸钾浸洗消毒，然后注入清水，等待进卵孵化。一般每立方米放卵60万～100万粒，孵化时必须根据受精卵胚胎发育的生理特点创造适宜的水温条件。

（二）孵化管理

鱼卵孵化的水温是18～30℃，25～27℃最适宜。由于家鱼卵是属于半浮性卵，所以孵化时必须具备一定的水流条件，水流条件的具体要求是能将鱼卵冲起随水翻动，直至鱼苗出池。只有这些条件具备了，受精卵胚胎才能在孵化环道中发育成熟。

1. 调节流速

卵刚进入孵化器时，保持水流能将卵冲起随水慢慢翻滚而不下沉即可；当胚体脱膜后，略加大水流；鱼苗能平行游动时，水流适当减慢。

2. 洗刷纱窗

胚体出膜后，经常用软毛刷在纱窗背面洗刷，保持水流畅通。

3. 严格过滤

禁止敌害生物和残渣污物进入孵化器内，进水处用70～80目的筛绢，出水纱窗50目。

在孵化中如发生意外造成停水，应立即关闭环道的出水阀门，借助工具进行人工划水，以防鱼卵、鱼苗沉积。

（三）鱼苗下塘

1. 出苗时间

待鱼苗的鳔已充气（见腰点），身体变黑，能开口主动摄食时（一般孵出后4～5天），即可将鱼苗下池培育或外运。

2. 出苗前准备工作

准备好尾箱、水花绠网、盆子等运苗的工具。选择水质清新、底质软硬适中的鱼塘，插好水花捆箱，迎风头插捆箱，箱口距水面3～4厘米，箱底不要贴池底；捆箱要绷直整齐，插好捆箱后应将其清洗一遍。

3. 出苗

开启环道阀门，让鱼苗随水流进入捆箱。如果是旧式环道，需要装好尾箱，再将尾箱的鱼苗舀入桶中，立即转至捆箱，并观察箱内鱼苗活动情况。待鱼苗全部进箱后，经过 20 ~ 30 分钟再洗箱除掉残渣和死苗。

4. 注意的问题

每斗捆箱装苗 30 万尾左右。捆苗 3 小时以上，20 万 ~ 30 万苗需投喂熟蛋黄 1 个，将蛋黄用双层纱布包好揉成浆液，均匀泼洒于箱内。如果发现鱼苗缺氧浮头（特别是在黎明）应采取泼水、洗箱等法进行解救。

5. 鱼苗的过数

出塘之前给鱼苗过数，可以知道鱼苗的孵化率。过数的方法是：先用小容器装鱼苗数一数，算出单位鱼苗数，再乘以总容积数，便得出鱼苗总结了。在给鱼苗过数时，动作要轻巧，迅速，避免鱼苗受伤和死亡。

6. 鱼苗的运输

一般采用聚乙烯或聚丙烯塑料袋充气密封，塑料袋约 70 厘米，装水 5 ~ 8 千克，水温 20 ~ 25℃，运输 20 ~ 30 小时，每袋可装 5 万 ~ 8 万尾鱼苗。水温低，运输时间短，可以适当增加数量；水温高，运输时间长，可减少数量。

第七章　鱼类的苗种培育技术

鱼苗鱼种培育是养鱼生产的重要阶段，主要目的是为成鱼池提供数量多、质量好、规格大、品种全的鱼种。因此，要因地制宜采取多种技术措施来提高苗种的成活率和成长率。鱼苗和鱼种是精养高产的重要环节，俗话说得好“种地要好种，养鱼要好苗”。

鱼苗、鱼种的培育阶段可以这样进行划分：

1. 鱼苗培育（发塘）

鱼苗经20～25天饲养，长到3厘米左右称“夏花”或“火片”。也可以将该过程分成2个阶段，首先将鱼苗养成乌仔(1.5～2厘米)，再由乌仔养成3～5厘米的夏花。

2. 1龄鱼种培育

夏花分塘后经3～5个月饲养达到10厘米以上。

3. 2龄鱼种培育

将1龄鱼种培育1年，青鱼、草鱼长到250～500克，团头鲂长到14～17厘米。

一、鱼苗培育

（一）准备工作

1. 鱼苗池（图7－1）条件

面积1～3亩，水深1～1.5米，池底平坦，淤泥适量（厚10～15厘米），注排水方便，保水性能好。

2. 池塘清整

（1）清整　每年1次，冬季或鱼苗下塘前一个月排干池水，

图 7－1 鱼苗池

清除过多的淤泥，填好漏洞裂缝，加固整修池埂和进、排水口。

（2）药物消毒 鱼苗下塘前，池塘通常采用生石灰、茶粕、漂白粉等药物清塘消毒，在鱼苗下塘前 10～15 天的晴天中午进行。

生石灰清塘（图 7－2、图 7－3）有 2 种方法：

第一种是干法清塘：先把池水排低至 6～10 厘米，在池底四周挖若干个小坑，按照 60～70 千克/公顷的用量将生石灰倒入小坑内加水兑浆，不待其冷却即向全池均匀泼洒。为了提高清塘效果，次日可用铁耙将池底耙动一遍，使生石灰与底泥充分混合；

图 7－2 生石灰干法清塘

第二种方法是带水清塘：即不排出池水，将刚溶化的石灰浆全池泼洒。生石灰用量为 125 ~ 150 千克/公顷（平均水深 1 米）。

生石灰清塘经济实用、方法简单、清塘效果最好，是目前最常用的清塘方法。

图 7－3　生石灰粉全池泼洒

3. 鱼池注水与施基肥

（1）注水　清塘后，鱼苗放养前 5 ~ 7 天注水 0.5 ~ 0.7 米，进水口要用细密网纱布过滤。

（2）施基肥（图 7－4）　注水后，立即在池塘一角施肥，每亩施粪肥 150 ~ 500 千克或绿肥（大草）300 千克左右。如果需加速肥水，可施化肥，每亩施尿素 2 ~ 3 千克及过磷酸钙 5 千克。

图 7－4　绿肥堆放在池塘四角

4. 常用工具

主要有鱼苗网、鱼种网、网箱或布池、捞海、巴斗、鱼筛

(图7-5)、面盆、白瓷盆、磨浆机、水桶等。

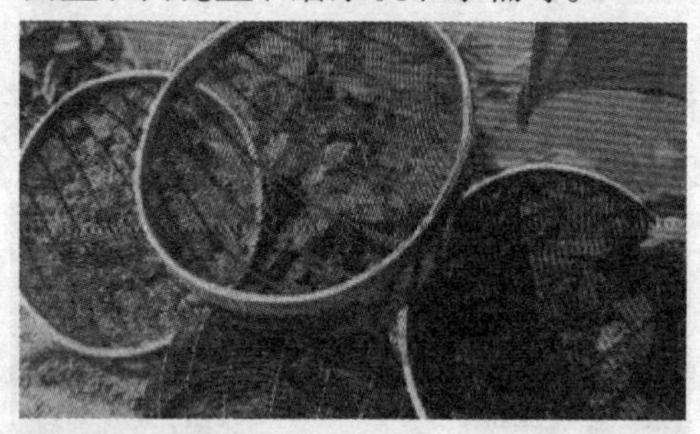

图7-5　不同规格的竹制圆形鱼筛

(二) 鱼苗放养

1. 鱼苗下塘的时间

鱼苗下塘是提高成活率的第一步，鱼苗下塘的时间：刚孵出来的鱼苗，它们还不能正常平游和摄食，过早下塘不易成活。经过4~7天的培育，鱼鳔已经充氧，能正常平游和摄取外界食物，才是下塘的最好时间。

2. 鱼苗下塘时的注意事项

(1) 鱼苗下塘前用较密的网拉空塘1~2次，检查清塘药物的毒性是否消失。用桶取底层水放鱼苗数尾，观察10小时左右，看鱼苗活动是否正常。

(2) 鱼苗下塘时，如果水温差超过2~3℃，要进行“缓苗”处理。先将盛苗容器内加少量池水，然后把容器内的水撇出少部分，再加入一些池水，反复几次后即可使鱼苗容器内的水温与池水温度调节一致（图7-6）。

(3) 如果是外运鱼苗，应先进箱投喂蛋黄水（每10万尾鱼苗喂一个熟鸡蛋黄）（图7-7），待10~15分钟后，鱼腹部出现金黄色，说明已吃饱，再将箱内鱼苗放入池塘。

(4) 北方地区如果是从南方运回的早繁鱼苗，下塘时池塘水温不能低于15℃。

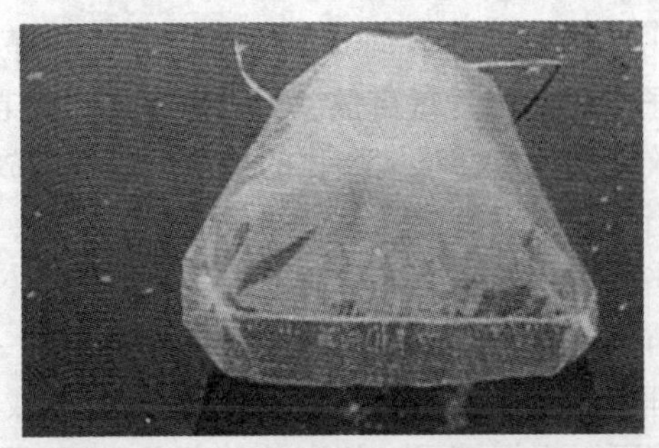

图 7－6　鱼苗袋放入池内静置

图 7－7　向鱼苗箱淋洒蛋黄水

（5）鱼苗下塘前一定要进行水质观察，显微镜下的这些浮游生物是轮虫、无节幼体等小型浮游动物，它们是鱼苗下塘的最好天然饵料，但是如果施肥晚，鱼苗下塘早，这些浮游动物尚未繁殖出来，鱼苗没有适口的饵料，必然生长不好。而如果施肥早，鱼苗下塘晚，这些浮游动物生长高峰期已过，大型枝角类、桡足类及浮游植物已繁殖起来，就会与鱼苗争空间，争溶氧，争饵料，势必影响鱼苗的生长。

（6）鱼苗下池时，将盛鱼的容器放在避风处倾斜于水中，让鱼苗自己慢慢游出。有风天气则在上风处放苗。

3. 放养密度

鱼苗直接养到夏花分池，一般为每亩放 10 万～15 万尾，但应注意以下几点：如果分段饲养，由鱼苗养到乌仔，每亩放20万尾；由乌仔养到夏花，每亩放4万~5万尾，鱼苗一次放足，同一鱼池应放同批鱼苗；早期孵化的鱼苗可适当多放，晚期孵化的鱼苗应适当少放；以鲢或鳙为主的鱼池适当多放，以草鱼、青鱼为主则适当少放；保水力强的池塘可多放。

一般鱼苗以单养为宜，同批孵化的鱼苗要养在一个池中，特别是草鱼、鲤鱼不能大小套养。为了提高鱼苗的成活率和生长率，放养密度可以根据情况，每亩放养草鱼10万尾左右，其他鱼每亩可放15万尾左右。

（三）饲养方法

鱼苗的饲养方法有多种，可以根据当地的具体情况来选择。南方青饲料比较多，可以采用纤维少、易腐烂的植物，也可以用一些杂草来代替，在放鱼苗前5~7天每亩放草500~800千克，使草腐烂培育天然饵料。

另一种方法是豆浆饲养法，就是用黄豆、豆饼等打成浆喂养鱼苗。

第三种方法是混合堆肥饲养法，用草和人粪尿混合发酵，使草粪腐熟后再泼洒，一般每亩每天50~75千克。

（四）管理措施

1. 分期注水

不管用哪种方法饲养，鱼苗下塘后，分期注水是至关重要的。鱼苗刚下塘时个体小，池水不要太深，0.8米左右即可。当鱼苗长到1.2~1.5厘米时，则要分期灌水，以增加水中含氧量，改善水质，增加鱼的活动空间。一般5~7天加水1次，每次加水10~15厘米，整个鱼苗培育阶段，水深可达1.0~1.5米。

2. 及时防治鱼病

坚持每天早、中、晚巡塘，早晨查浮头捞蛙卵，下午看鱼苗活动情况，傍晚看水质，做好鱼病防治工作。

（五）鱼体锻炼和出塘

1. 鱼体锻炼

(1) 操作要领　拉网前在池边架设好长形网箱，网箱一端为箱口（即夏花入口处），另一端为箱尾，拉网时从一端沿池边向箱口一端缓进。当鱼快进网箱时，收网动作要轻缓，同时在箱内轻轻拨水造成水流，鱼群逆水自动游入网箱中（图7－8、图7－9）。

图7－8　第一次拉网将鱼苗围集于池角

图7－9　第二次拉网将鱼苗围赶进网箱

夏花进入网箱后，稍息，用拨水方法将鱼逐渐赶集在网一端，并用竹竿将底抬起略高于水面，把网箱分隔成两部分。

先清除无鱼部分网箱底部的粪便和污物，再用同样的方法洗除另一端的污物，最后抽去分隔的竹竿，使鱼群分布在整个网箱中。

鱼群在网箱中密集 3 小时左右放回原池。如发现鱼体显红色，光泽变暗，应立即放回原池。第二天可依上法进行鱼体锻炼。

夏花一般经过 1 ~ 2 次锻炼后，如鱼背呈青黑色，“抢水”性好，说明体质已老练，可以出塘。如果夏花需长途运输，在第二次锻炼后，还要将夏花放入架设在水质清新的池塘中的网箱中，经 1 夜“吊水”，然后装运。

（2）注意事项　选择晴天上午 10：00左右开始拉网，如果在拉网中发现异常（即网未靠岸鱼开始浮头），马上停止拉网；在锻炼中遇到雨天，则相应推迟第二天锻炼时间，如连续几日下雨，需要重新进行第一次锻炼；锻炼之前应该停食，待锻炼 1 ~ 2 小时后再喂食物；有风时应从池塘的下风处下网，迎风拉网；拉网操作要谨慎，避免鱼体受伤。

2. 出塘

当鱼苗达到 2 ~ 3 厘米，经几次拉网锻炼后即可出塘分养，在分塘和运输前要过筛和过数。

3. 夏花鱼种质量鉴别

优良的夏花鱼种应该规格整齐，头小背厚，体色光亮，体表润泽，无寄生虫。游泳活跃，喜欢集群，逆水性强，在容器中活动于水的下层，受惊动时反应敏捷。

二、鱼种培育

（一）一龄鱼种培育

1. 鱼池条件

3 ~ 5 亩，水深 1.5 ~ 2 米（北方为 2 ~ 2.5 米）。

2. 夏花放养

（1）放养时间　通常在 5 ~ 6 月，清塘方法同鱼苗池，夏花放养，每亩施基肥200~300千克。

（2）放养密度　确定放养密度应考虑池塘条件、鱼的种类、饵肥供应及管理等条件。如鱼池条件好，注排水方便，饵料充足，夏花分塘时间早，可适当增加放养密度。

（3）搭配原则　主体鱼一般占50%~70%，以草鱼或青鱼等为主的池塘，应先放主体鱼，约20天后再放配养鱼；以鲢为主的池塘，鳙的比例不能超过鲢的15%；在以草鱼为主的池塘，一般只搭养少量青鱼或6%左右的鲤。

3. 饲养和管理

（1）投饵和施肥

草鱼为主的池塘：夏花下塘后，每天每万尾投浮萍20~40千克。当草鱼长到7厘米（一般20天后），每天每万尾投小浮萍60千克左右。应尽量使草鱼在立秋前长到8厘米以上。体长达8~10厘米时改投嫩草或水草。对同池塘混养的鲢、鳙，每隔10~15天施肥1次，每亩投腐熟肥100千克。夏花放养后，每天投1次精料，每次每万尾1.5千克，以后加到2.5千克左右。上午投青料，下午投精料。

青鱼为主的池塘：夏花下塘前施肥培育好枝角类。下塘后，先用豆饼等引诱青鱼到食场（台）采食，将1千克敲碎的豆饼加3~4千克水浸泡，用磨浆机磨成颗粒细小均匀的豆饼浆，然后每天投喂豆饼浆2次，每次每万尾2~3千克。体长达5厘米时，用豆饼浆和菜饼混合投喂。达到7~8厘米时，每天每万尾投磨碎的豆饼5千克左右，长到10厘米后，除豆饼等精料外，还要喂轧碎的螺蛳，开始每天每万尾35千克，以后逐渐加到120千克。

鲢或鳙为主的池塘：放养前施足基肥。放养后每7~10天追肥1次，每次每亩施堆肥或绿肥100千克。每天投精料2次，每次每万尾投糊状的饲料（糠、麸、饼类等）1.5~2千克，以后加到4千克。因鳙食量大，故投饲量应多于鲢。但在立秋、处暑后，鳙生长速度比鲢慢，要适当减少投饵量。对培养的草鱼，必须先投青料，再投精料。

鲤为主的池塘：清塘后，每亩放夏花鲤种 10 000 ~ 12 000 尾。每天投喂 1 次豆渣等精料，每次每万尾 10 ~ 15 千克，以后逐渐增加投喂量。如果采用配合饲料，每天投喂鱼体重 4% ~ 10% 的小颗粒全价配合饲料。大暑后则适当减量。9 月下旬开始投喂饼饲料。

（2）管理　投饵应做到“四定”。定时：一般在上午 9：00 和下午 14：00 ~ 15：00投喂。定位：草料投在草框内，投精料应设食台（图 7 – 10）。定质：要求投喂新鲜，适口。定量：投喂量要根据鱼的种类、规格、天气和鱼的吃食情况等灵活掌握。可参考表 7 – 1。

图 7 – 10　“大草”堆放于池角

表 7 – 1　各月份饲料投放比例　（%）

月份	6	7	8	9	10	11	12	次年 1 ~ 3 月	合计
一般地区	4	15	23	25	15	10	4	4	100
三北地区	15	35	40	10	—	—	—	—	100

坚持早、晚巡塘。每 2 ~ 3 天对食物进行清理，每半月用漂

白粉消毒1次。适时加水，整个饲养期间应注水5~6次以上；做好鱼病防治工作；定期检查鱼种生长情况。饲养后期，每20~30天进行1次拉网筛选，调整鱼种规格，提大留小，使池中鱼种规格基本一致。

4. 鱼种质量鉴别

优质鱼种的标准是：同池同种鱼大小均匀；头小、背厚、体质健壮，尾柄肉质肥满；体色鲜艳、有光泽；鳞、鳍条完整；游动活泼、集群活动，受惊时迅速潜入水中；白天多在水面下活动，抢食能力强。

5. 并塘和越冬

秋末冬初，当水温降至10℃以下，应将各种鱼种进行并塘越冬，也可以把出池后的1龄鱼种直接移入成鱼池或2龄鱼种池。越冬池面积3亩左右，水深2米以上，向阳背风，在拉网操作中尽量避免鱼体受伤。每亩放10~13厘米的鱼种5万~6万尾。并塘后要加强管理，可根据天气情况适当投饵施肥。

（二）二龄鱼种培育

目前，全国不少地区多采取在食用池鱼搭配适量1龄鱼种，2龄鱼种专用池趋向被取消。2龄鱼主要是指青鱼和草鱼，每尾重250~750克，也包括2龄团头鲂鱼种（50克左右），鲢、鳙每尾为125~250克。

主体鱼占50%左右。草鱼池可搭养少量的鲤、青鱼、团头鲂和鲫；青鱼池不养或少养草鱼，搭配适量的鲤鱼夏花及少量鲢、鳙；一般每亩放养1龄青鱼或草鱼1 000尾左右，起水时可达100~500克；2龄青鱼成活率低（一般为30%左右），应加强管理，放养时操作应谨慎，防止表皮擦伤。饲料由糟饼类等精料逐渐转变以螺、蚬等鲜活饲料为主（有条件的地方可用配合饲料代替），投饲量要均匀，注意加注新水。

2龄草鱼开食后应根据实际情况投喂适口饲料，一般在3月投饼类、糠麸等精料；4 月喂浮萍、蓿根黑麦草；5 月后喂莴苣叶、苦草、陆生嫩旱草等。投饲量以下午 4：00吃完为好。经常调节水质。培育 2 龄团头鲂主要是利用上半年夏花分塘前鱼种池的空闲期，也可以在 2 龄青鱼、草鱼池里搭养适量 7 ~8 厘米的团头鲂，年底出塘规格达 50 克。

第八章　池塘成鱼养殖技术

池塘成鱼养殖是指在池塘中将鱼种养至成鱼（也称食用鱼）的生产过程。它具有投资少、见效快、收益大、生产较稳定的特点，在淡水养殖业中占有很重要的地位。

我国池塘成鱼养殖历史悠久，劳动人民在长期的生产实践中创造和积累了丰富的生产经验，特别是科技工作者在 20 世纪 50 年代，将传统的养殖技术总结、提炼成“水、种、饵、密、混、轮、防、管”八个字，称为“八字精养法”。其中，水、种、饵是养鱼生产最重要的 3 个基本条件，其他 5 个方面则是增产增收的综合技术措施。

一、池塘环境

（一）位置和形状

选择水源充足、排灌方便、水质良好、交通便利的地方建设池塘。土质最好为壤土，能保水、保肥，池埂牢固，不易倒塌。池形以长边呈东西向的长方形为好，以增加水面光照时间，有利于浮游植物光合作用，也便于拉网操作。长方形长宽比为 5∶3 或 3∶1。池塘 4 周不应有高大树木和房屋。

（二）面积和水深

成鱼池面积一般为 10 亩左右，水深 2～3 米。面积较大，可借助风力增加溶氧，使水质较为稳定；池水较深，增加了蓄水量，有利于提高鱼产量。

（三）池埂牢固无渗透

埂面宽度可根据不同养鱼方式确定，精料养鱼一般池埂宽

4～5 米，如果是种青养鱼或综合养鱼，则为 10～20 米，可利用池埂种植青饲料及经济作物。池底平坦并向排水口一端倾斜，排水管埋入池底部，便于换水。进水口、排水口要设拦鱼栅（图 8－1）。

图 8－1　标准化池塘（配备进排水系统、投饵机和增氧机）

二、鱼种放养

（一）鱼种规格

一般应根据各地不同的气候条件、养殖方式以及各种鱼的生长性能和消费者的习惯灵活掌握。如在长江流域，草鱼放养规格 250～750 克，鲢、鳙、鲂的规格 50～250 克，青鱼放养规格 250～1 000克，鲤、鳊、鲂种的规格为尾重 25～50 克，鲫一般放养规格 3～7 厘米。

（二）鱼种来源

1. 鱼种池培育

主要培育一龄鱼种，每亩放养 3 厘米夏花 1 万尾左右，亩产 400～500 千克，规格 50 克左右。也可以采取稀养速成方式，即每亩放 3 厘米夏花 5 000尾左右，单产 300～400 千克，尾重 50 克以上。通常育种池占养鱼水面的 15%，但在江汉平原仅占 6%～10%，却提供成鱼池放养鱼种的 20%～30%。

2. 鱼池套养鱼种

采取大、中、小3种规格或大、小2种规格，即经过一段时间培育，将大规格鱼种育成商品鱼上市，中、小规格鱼种育成大、中规格。套养鱼种数量占翌年放养鱼种数量的80%左右。

3. 利用稻田、网箱培育鱼种

一些地区可以利用稻田、网箱培育一部分鱼种，其主要品种为草、鲂、鲫鱼种。

（三）放养时间

长江流域通常是在春节前放养，三北地区要在解冻后放养，这时水温较低，鱼种活动力弱，鳞片紧密，在拉网、运输等操作过程中不易受伤，提高了成活率。另外，由于提早放养，还延长了生长期。放养鱼种时一定要选择晴天，切忌在严寒风雪天气放养。

（四）鱼体消毒

鱼种放养前，除了对鱼池进行清塘消毒外，还应对鱼种进行药物浸浴。

1. 药物

漂白粉和硫酸铜（每立方米水用漂白粉10克和硫酸铜8克；将它们分别溶化后再混合），也可以用90%晶体敌百虫（10毫克/千克），也可以用3%～4%的食盐水。

2. 浸泡方法

（1）鱼种倒入盛有药液的容器中浸洗，如果鱼种多，可以把药液泼洒于网箱中（图8-2）。

（2）时间长短要根据鱼种体质和水温高低而定，水温低，浸洗时间长；反之则相应缩短，一般为15～30分钟。

（3）每次在容器中浸洗鱼种的数量不能太多，以免造成缺氧死亡，每100千克水可以放3.3厘米的夏花2 000～2 500尾，或13厘米左右鱼种250～300尾。

（4）观察鱼种活动情况，如在浸洗中发现异常（鱼浮头或挣扎），必须迅速转入清水中。

图 8－2 网箱浸浴消毒操作图示

（五）混养密养

1. 合理搭配—混养

（1）混养的作用　我国主要的养殖鱼类，按照它们的栖息习性，可以分为上层鱼（鲢、鳙）、中下层鱼（草、鳊、鲂）和底层鱼（青鱼、鲤、鲫、罗非鱼等）；从食性看，鲢、鳙吃浮游生物，草鱼、鳊、鲂主要摄食草类；青鱼、鲤吃螺蚬；鲫吃有机碎屑和小型底栖动物；罗非鱼吃丝状藻类、腐殖质、底栖生物、水生昆虫等。因此，将这些鱼类进行同池混养，不仅可以充分利用池塘的水体空间及饵料资源，而且可以发挥鱼类之间的互利作用，并为实行轮养和翌年准备了大规格鱼种，显著地提高了经济效益。

（2）混养类型　在池塘中进行混养时，各种鱼类之间应合理搭配，并要确定主体鱼。主体鱼就是指以 1～2 种鱼为主养鱼，在放养数量或重量上占较大比例，对提高产量起主要作用。配养鱼可达 7～8 种，主要以池中的天然饵料和主养鱼的残剩饵料为食，但是如果加大投饵量，对增产将产生积极的影响。

（3）混养方式　以草鱼或青鱼为主，混养鲢、鳙，搭配少量鲤、鲫、鳊。以鲢、鳙为主，混养草鱼，搭配少量的鲤、鲫、鳊、鲂。以鲤为主，混养草鱼、鲢、鳙、鲫、鲂。以鳙为主，混养草鱼、鳊。

2. 放养密度的确定

（1）池塘条件　水源良好的池塘，鱼种放养密度可适当增加，反之就应适当减少，较深、较大的池塘放养密度比较浅、较小的池塘高一些。

（2）鱼种的种类与规格　不同种类的鱼，其规格、生长速度和养成商品鱼的大小有差异，故放养密度也不同。规格较大的鱼（如草鱼、青鱼）要比规格较小鱼（鲫、鳊等）的放养尾数少而放养重量大。另外，混养多种鱼类的鱼池，放养量大于单养或混养种类少的鱼池。

（3）饲料肥料供应量　在饲养中如有充足的饲料和肥料，则放养量可增加，否则就应适当减少。

（4）管理水平及历年养鱼情况　养鱼经验丰富，管理精细，设备条件好，放养密度可大些。还可以根据历年的放养量、产量和产品规格决定放养密度。如果鱼的生长情况良好，浮头次数不太多，饵料系数不高，说明放养密度较适宜。反之，放养密度就要相应调整。

（六）轮捕轮放

轮捕轮放是指采取不同鱼类、不同规格的鱼种，一次放足，分期捕捞，捕大留小，捕大补小。

1. 轮捕轮放的作用

在鱼类养殖过程中，始终保持较合适的密度，可发挥池塘的生产潜力，提高饲料、肥料的利用率，解决大规格鱼种的供应问题，有利于鱼产品的均衡上市和资金周转，提高经济效益。

2. 方法

轮捕轮放的放养对象主要是鲢、鳙，其次是草鱼、鳊。

（1）鱼种放养　年初投放的大、中、小等不同规格的鱼种，均来自于上年培养的未达起水规格的老口鱼种和套养的仔口鱼种。补放的鱼种，前期是上年转池的2龄鱼种，后期是当年育成的10厘米以上的鱼种。

（2）鱼种套养　6~7月，每亩套养夏花鳙100尾或鲢300尾左右，并可适量套养13厘米左右的团头鲂200尾或草鱼300尾。

（3）轮捕轮放的次数　5~10月，一般轮捕6~7次，轮放鱼种3~4次。

（4）根据鱼体长大和市场行情变化及时起捕上市。

3. 操作中注意的事项

（1）捕捞前一天停止投饵，并将水面草渣污物捞清。

（2）在下半夜至黎明前捕捞。如果天气闷热欲下雷阵雨，发现鱼正浮头或预测鱼可能浮头时，不宜下网。

（3）当鱼被围集后，先将未达上市规格的鱼迅速放回池中，再将网中已达到食用规格的鱼捕起上市。

（4）每口鱼池下网次数不宜过多，一般只捕一次，避免惊动全池的鱼，捕捞结束后，马上注入新水或开增氧机，直至日出。

三、施肥与投饵

（一）施肥

1. 基肥

施放基肥的数量一般应根据池塘肥瘦、主养鱼类及肥料的种类等灵活掌握。

（1）新鱼池或瘦水塘　每亩施有机肥料500~1 000千克，可将各种青草施入池底，并铺一层淤泥，蓄水20厘米，待其腐烂后再注水。

（2）老塘或肥水塘　这类塘可少施肥或不施基肥。如果施基肥，通常可将肥料堆放岸边的浅水处，每隔3~5天翻动1次，使肥料分解后扩散于水中。

2. 追肥

施追肥应掌握及时、均匀和量少次多的原则。施肥量不宜过多，以防止水质突变。在鱼类主要生长季节，由于大量投饵，鱼类摄食量大，粪便、残饵多，池水有机物含量高，因此水中的有机氮肥高，此时不必施用耗氧高的有机肥料而应施无机磷肥，以保持池水"肥、活、嫩"。

3. 施肥方法

（1）有机肥　粪便在使用前应腐熟发酵，绿肥扎成捆后均匀堆放在池塘一角，隔2~3天翻动1次。肥水鱼为主的池塘要求透明度30厘米左右，可用手臂进行测量。将手伸入水中，手指弯曲成90°角，未达肘部不见手掌，水色为油绿色或褐绿色、茶褐色，即为肥水。在水温较高、鱼类吃食旺盛的季节，应量少次多；而在早春或晚秋，要求量大次少，通常是7~10天施1次，每次每亩施100千克左右为宜。如果水质已老化，应先排出部分老水，并适当投放生石灰调节水质后再追肥，雨天或闷热天气不施肥（图8-3）。

图8-3　粪汁全池泼洒

（2）无机肥　要适时施肥，当水温处在20~30℃时施肥为好，一般在5～9月，选择温度较高的晴天中午施。氮、磷肥的搭配比例，可参照生产经验估算。通常1千克尿素配2千克过磷酸钙［如果是有机质多的老池或黄壤沙质土则为1：(2.5～3)］；1千克氯化铵配1～1.5千克过磷酸钙；1千克碳酸氢氨配1～1.2千克过磷酸钙。

水中化肥的肥效消失时间在高温时为3～5天，正常的天气为7～10天，因此，每年7～9月每隔3～5天施肥1次，6月和10月5～7天施肥1次，4月、5月、11月7～10天施肥1次，2～3月则20天左右施肥1次。每次每亩10千克左右。

追肥之前，将化肥用水充分溶解后再泼洒（图8－4），先施磷肥，后施氮肥。无机肥和有机肥在交替使用或同时使用时，必须摸清肥料的特性，以减少损失。磷肥和含氨态氮的化肥均不能和草木灰、石灰等混合。如果池塘使用生石灰，一般10～15天后施磷肥。

图8－4　尿素化水施肥

（二）投饵

1. 投饵量

（1）青饲料　计算全年的投饵量时，应根据鱼种的放养量、规格、增重倍数和饵料系数来确定。月投饵量则主要根据各月的水温、鱼类生长、饵料供应及历年养鱼经验而定。每天投饵量可以大致按照全年计划投饵量和各月的分配除以全月天数即得出日平均投饵量。

（2）精料　如果完全用精料投喂，可以参照前述的原则和方法，按鱼类体重的1%～5%来计算日投饵量。

2. 投饵方法

要求做到“四定”。

（1）定时　投青料每天上午8：00～9：00和下午15：00～16：00点时各投一次。如果用配合饲料，应适当增加每天投饵次数，如4月和11月每日1～2次，5月和10月每日3次，6～9月每日4次。投饵量上午占40%、下午占60%。

（2）定位　草料投在浮性草料框内，并用木棒固定。精料投在饵料台上，可在水面下30厘米用芦苇搭一个1平方米的饵料台，四角用小木棒或小毛竹固定。

（3）定质　根据各种鱼不同的生长阶段，投喂新鲜、清洁适口的饲料，配合饲料要求营养全面。

（4）定量　做到均匀投喂，切忌忽多忽少。

四、日常管理

（一）水质调节

（1）早春时，待水温逐渐回升后，保持池水1米左右。如果水质出现老化，注入适量新水10～20厘米，4月底或5月初将水加到最高水位。

（2）6～9月，每隔10天左右加1次新水，每次加水10厘米左右，如水质恶化，先排出一部分水后再灌新水。

（3）因受条件限制不能适时注水时，隔10～15天在晴天中午搅动一次塘底，每次搅动的面积不宜超过池塘的一半。

（4）每隔25天左右施1次生石灰，每亩每次15～20千克，溶解后全池泼洒。

（二）防止浮头

1. 预测浮头

（1）水温高、水质过肥（透明度在20厘米以下）池鱼常会在黎明或半夜以后浮头。

（2）傍晚下雷阵雨，或者白天起南风，夜间转北风，易发生浮头。

（3）正常情况下，鱼类吃食突然减少，说明水中缺氧，鱼类将浮头（图8－5）。

（4）梅雨季节光照强度弱，易引起池鱼浮头。

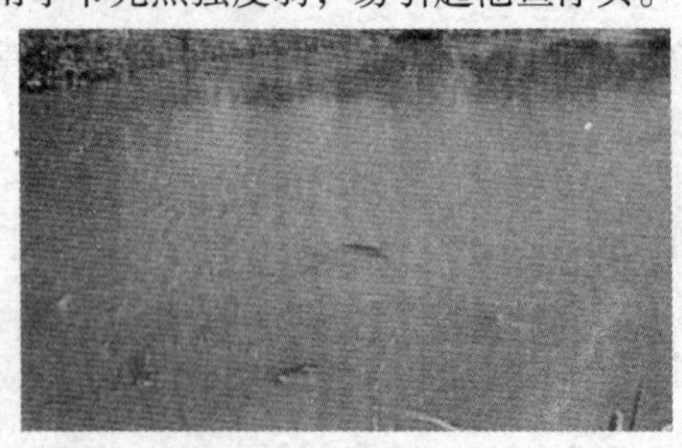

图8－5 浮头现象

2. 防止浮头的措施

（1）天气阴雨连绵，及时开增氧机。

（2）池水过肥，在15：00以前加新水。

（3）预测鱼类将浮头时适当减少投饵、施肥量。

（4）如夏季估计在傍晚下雷阵雨，在中午开增氧机。

3. 浮头的解救

（1）当池鱼发生浮头时，应及时加注新水或开增氧机；如浮头较严重，先排去部分老水，再灌新水。

（2）注水时应让水流平水面冲击，使鱼群能集中在溶氧较多的水流处，如进水管不易与水面平，可用木板或石块对注水流消力，使水呈抛散状入池，通常冲水或开增氧机一直要持续至日出后才能停机。

（3）情况紧急，可以每亩用明矾 4 千克左右或食盐 7～10 千克，溶解后全池泼洒。

（4）发生严重浮头或泛池时，切勿立即下水捞鱼，否则易使其受惊加速死亡。应待泛池后，捞出浮于水面的死鱼，再用网拉捞沉入池底的死鱼。

（5）增氧机的使用。一般 5～10 亩精养池可配一台 3 千瓦叶轮增氧机，而叶轮增氧机每千瓦小时可向水中增氧 1.5 千克。根据实际情况灵活掌握开机时间，即晴天中午开，阴天早晨开，连绵阴雨半夜开，傍晚不开，浮头立即开，鱼类生长旺季坚持每天中午开。

（三）健全养鱼档案

在日常管理中，做好鱼池的原始记录，健全养鱼档案，对于不断总结经验、改进养殖技术、降低生产成本和提高经济效益有十分重要的作用。养鱼档案主要包括放养情况（鱼种放养种类、规格、数量等）、天气情况、投饵施肥情况（投饵和施肥的种类、数量、效果及日期）、鱼病防治情况、鱼体成长和捕捞情况。

第九章　名特优淡水养殖品种

一、鳜鱼养殖

鳜鱼（图9－1）的肉味鲜美、少细刺、营养价值高，是一种深受消费者欢迎的名贵淡水鱼类，常见的有鳜（翘嘴鳜）和大眼鳜。

图9－1　鳜鱼

（一）生物学特性

1. 生活习性

鳜鱼喜欢栖息于静水或微流水中，特别是在水草繁茂的湖泊、河流中比较多。适温范围为7～32℃，最适温度18～25℃，冬季水温低于7℃以下时，鳜鱼栖于水较深的洞穴越冬，当春季气温回升后，鳜鱼游到浅水区觅食。白天活动较少，侧卧在凹坑中，夜间常到岸边草丛中寻觅鱼虾。鳜鱼耐低氧能力差，对溶氧要求较高。

2. 食性与生长

鳜鱼为底栖生活的凶猛肉食性鱼类，终生摄食水生动物和鱼类。鱼苗阶段能吞食相当于自身长度80%的饵料鱼，而成鳜可捕食为体长40%～60%的其他鱼类。鳜鱼生长较快，在饵料充足和稀氧的条件下，1冬龄即可达到300～800克。

3. 繁殖习性

因生活地区不同，鳜鱼性成熟年龄也不尽一致。长江流域，雄鱼1冬龄性成熟，雌鱼2冬龄性成熟，生殖季节为5月中旬至7月初。鳜鱼在东北地区一般需3～4冬龄才性成熟。鳜鱼产卵适宜水温为21～23℃；喜在平缓的流水环境中产卵，一般在夜间进行。鳜鱼为分批产卵类型，且产卵期延续时间较长，分2～3次产完。

（二）人工繁殖

1. 亲鱼的选择与培育

鳜鱼亲鱼既可从天然水域中捕获，也可在人工养殖的池塘中选择。亲鱼要求健壮无伤，性腺发育良好，雄性在0.5千克以上，雌性在0.75千克以上。雌雄比例为1∶1。

亲鱼池面积为2.0～4.0亩、水深1.5米以上，每亩放养亲鱼100尾左右。如果混养在家鱼池中，则一般每亩放养6～10尾。在培育期间要投喂各种鲜活适口的小杂鱼或家鱼种，并注意经常加注新水，保持水质清新。

2. 人工催产

鳜鱼催产季节一般在5月中下旬至7月上旬。雌鱼要求腹部膨大、卵巢轮廓明显、柔软且富有弹性，生殖孔红肿，开口明显。雄鱼轻压腹部有乳白色精液流出，见水后较快散开，说明性腺发育良好，可以采用。常用的催产剂有鲤脑垂体（PG）、绒毛膜促性腺激素（HCG）、促黄体生成素释放激素类似物（LRH-A）等。可以两种混合使用，每千克雌鱼注射PG 4～6毫克＋LRH-A 50～100微克或PG 2毫克＋HCG 1 000

国际单位，雄鱼剂量减半。通常在胸鳍基部采取一次或二次注射。当水温为25～28℃时，经22～26小时发情产卵。采用自然受精或人工授精，后者往往可获得较高的受精率，但必须准确掌握恰当的效应时间。当发情至高潮时应立即进行人工授精，待精、卵充分混合搅拌后加清水转至孵化器内孵化。

3. 人工孵化

鳜鱼卵为漂流性卵，且比重比家鱼卵大，故在孵化中水的流速应适当加大。一般采用孵化桶或孵化缸较好，如果生产量大，也可以使用环道进行孵化。当水温在22～25℃时，经36～48小时孵出，27～29℃时，33小时左右孵出。刚出膜的鱼苗身体嫩弱，卵黄囊较大，鳔未形成，不能平游。一般经3天后卵黄囊逐渐消失，上下颌已长出尖锐的牙齿，能开口主动摄食。

（三）苗种培育

1. 鱼苗培育

鳜鱼苗开口摄食后，可利用孵化设备或网箱进行培育，前者每立方米水体放苗1 000～2 000尾，而后者一般每立方米放苗400尾左右。鳜鱼苗培育技术的关键环节，是要实行鳜鱼的人工繁殖与其饵料鱼人工繁殖的配套，从而在根本上解决鳜鱼苗种对饵料鱼的需求。故在人工繁殖鳜鱼的同时，要繁殖供作饵料的团头鲂、细鳞斜颌鲴等鱼苗。在水温较低（20～22℃）时，团头鲂亲鱼的催产时间要安排在鳜鱼催产后4～6天，而在水温较高（24～27℃）时，两者之间的时间仅差2～3天。通常一批饵料鱼要供应鳜鱼苗摄食2～3天，如要继续以团头鲂苗作饵料鱼，第一批团头鲂催产2天后，可再产一批。进食初期，每天每尾鳜鱼要吞食鱼苗1～2尾，以后逐渐增加到每天5～7尾。一般经过15～20天培育鳜鱼苗即可达到3厘米左右。

2. 鱼种培育

将3厘米左右的鳜鱼直接转入1亩的池塘，每亩放2 000～3 000尾，鳜鱼在转池时要做到细心操作、带水过数。鳜鱼放养后可放养罗非鱼、鲫鱼，或者每亩放养鲢、鳙苗 50 万尾，这不仅可供鳜鱼摄食，还可以培育部分 1 龄鱼种。在日常管理中，采取分期注水，每隔 4～5 天注 1 次新水，每次注水 20 厘米左右。

秋末冬初，当水温降至 10℃左右时，应选择 1～3 亩、水深 2 米以上的池塘作为越冬池，每亩放养 10～15 厘米的鳜鱼种 4 000尾左右。越冬期间可适当投一些饵料鱼，并采取有效措施防止池塘缺氧。

（四）成鱼养殖

1. 池塘混养

在以草食性鱼类为主的成鱼池或亲鱼池中，每亩放养 50～100 克的鳜鱼 10～20 尾或鳜鱼夏花 50～60 尾。年底出池每尾重 300～500 克，成活率 40%，每亩产 10 千克左右。如能在成鱼池套养部分家鱼夏花（每亩放养 1 500尾左右）效果会更好，既为鳜鱼提供了部分饵料，又套养了部分大规格鱼种。

2. 池塘单养

每亩放养 50～100 克鳜鱼 300～400 尾，可投放经济价值低的野杂鱼（每日按放养鳜鱼总重量的 5% 计算），或者每亩放养繁殖力强的鲫鱼、罗非鱼亲鱼。有条件的最好设专池培育饵料鱼。鱼池与饵料鱼池的面积比一般为 1∶（3～5）。

在鱼病防治中要做到安全施药，因鳜鱼对药物很敏感，在池中用药时应准确计算浓度，并注意经常调节水质。

除池塘外，食用鳜的养殖方式还有网箱养殖、流水养殖及大水面的粗放养殖等。

二、大口鲇养殖

大口鲇（图 9－2）主要分布在长江流域的干、支流及其附属湖泊，具有生长快、营养丰富、肉质好、无细刺、味道鲜美等特点，深受消费者的欢迎。大口鲇能适应我国很多地区的自然条件，并可进行多种方式的养殖。

图 9－2　大口鲇

（一）生物学特性

1. 生活习性

大口鲇是温水性鱼类，在 0～38℃均能存话，但在池塘养殖条件下，最适生长水温为 25～28℃，水温 18℃以下或 30℃以上则生长明显减慢。

大口鲇性温顺，不善跳跃，喜集群，不钻泥，起捕率高。具有喜阴怕光的习性，白天通常栖息在池底的阴暗处，晚上则分散到整个水域活动觅食。喜欢水流，善于随水流逃逸，故在养殖中特别要注意防逃。

大口鲇是凶猛的肉食性鱼类，在自然环境中，主要捕食各种鱼类，同时也吃水生昆虫。口裂大，可掠食占自身体长 1/3 的鱼。在人工养殖条件下，摄食小杂鱼、动物尸体及屠宰场的下脚料等，经驯食后可以摄食配合饲料。当食物不足时，自相残杀较严重。当大口鲇转为外营养阶段后，主要摄食枝角类和桡足类，长到 2 厘米时能吞食摇蚊幼虫、水蚯蚓和家鱼苗，5 厘米即可摄食切碎的蚯蚓、鱼糜及配合饲料。

2. 生长与繁殖

在天然水体中，大口鲇生长速度很快。在池塘养殖中，因饵料充足，生长更快。当年鱼苗到年底起水时全长 40 厘米、体重 0.6～1.5 千克，第二年全长 65 厘米、体重 2.25 千克，第三年全长 75 厘米、体重 4 千克，第四年全长 90 厘米、体重 6 千克。故 1～4 龄生长最快，以后逐渐趋于下降。长江以南地区，终年能生长，以夏秋季增长最快。

大口鲇在天然水体中一般 4 龄达性成熟，而池塘养殖则趋于提前成熟。生产中一般在 6～7 月进行夏繁或 8～9 月进行秋繁。

成熟卵扁球形，油黄色，遇水产生黏性，但比鲤卵黏性弱，当水温为 22～25℃，受精卵经 40～70 小时孵出鱼苗。仔鱼刚出膜时，腹部有一个很大的卵黄囊，侧卧于水底，2～3 天后能自由游泳并开口摄食。

（二）人工繁殖

1. 亲鱼培育

繁殖季节，在江河产卵场及附近江段的渔获物中选购适宜催产的亲鱼。亲鱼培育池一般为 0.3 亩左右，水深 1.5 米以上，水源充足，排灌方便，池底平整，无淤泥，每 0.03 亩放养一组亲鱼。

投喂各种小杂鱼、蚯蚓及家鱼种等活饵料或其他动物性饵料，也可投喂含 40% 蛋白质的配合饲料。注意调节水质，定期冲水，催产前 1 个月需经常冲水，促进亲鱼性腺良好的发育。

2. 雌、雄鉴别

成熟的雌鱼腹部膨大、松软、有弹性，卵巢轮廓明显，胸鳍椭圆形，硬棘光滑，生殖乳头圆而短，生殖孔扩张，呈红色。

雄鱼腹部明显小于雌鱼。胸鳍稍尖，硬棘有锯齿，生殖乳突长而尖，轻压腹部有乳白色精液流出。

雌雄比例为 1∶1 或 5∶3。

3. 催产

（1）催产时间　通常在3月下旬至4月上旬。最佳催产水温为22.5～23.5℃。

（2）催产药物　一般的催产剂均有效，以垂体（PG）和绒毛膜促性腺激素（HCG）混合注射效果最好。雌鱼剂量为垂体2毫克加绒毛膜促性腺激素2 500～3 000国际单位/千克，雄鱼剂量减半。

（3）注射方法　在胸鳍基部或背部肌内注射1次或2次均可，但以后者运用较多。采取二次注射法，第一次给雌鱼注射总剂量的1/5～1/4，间隔9～12小时注射余量。雄鱼则根据发育状况注射1次或2次。注射完毕，立即冲水。在发情前2小时加大水流刺激。

（4）产卵受精　进行自然受精，要求雄鱼多于雌鱼，否则受精率很低。人工授精应根据效应时间，准确掌握采卵和进行受精的时间。如雌亲鱼只能挤出少量卵子，不可硬挤，应放回产卵池中，给予一定的流水刺激，等待2小时左右再检查。

（5）亲鱼的护理　亲鱼网的网目以1.5～2厘米为宜，最好在靠近进水口的附近进行选择亲鱼和注射催产剂等操作，注射完毕，应在产卵池上加盖网。受伤较轻的可用金霉素软膏等涂擦伤口；受伤较重，除外涂药物外，还可注射抗菌素。

（6）孵化　大口鲇适应的孵化水温为17～28℃，最适水温为23～25℃，选择各种孵化器进行孵化，水质要求清新，溶氧较高（5毫克/升左右）。孵化时间随水温高低而变化，水温17～20℃时，鱼苗孵出时间为3天左右，21～25℃时则需要2天左右，最适孵化水温为22.5～23.5℃，溶氧为5.5～7毫克/升，在此范围内出苗率高，出苗整齐。

孵化中如果发生早脱膜，可用5～10毫克/千克高锰酸钾溶液固定卵膜不易裂；如剑水蚤过多，用0.5～1毫克/千克晶体敌百虫杀灭。

（三）苗种培育

1. 鱼苗培育

刚孵出的仔鱼以卵黄为营养，4～6天后卵黄囊基本消失，开口摄食外界食物，可转入专池进行培育。一般每平方米放养150尾左右，开始可投喂蛋黄水，培育期间以浮游动物为主，要求溶氧保持在5毫克/升以上，饵料适口、充足，防止水温急剧变化，经过15～18天饲养，可达到3厘米以上，然后过筛分级进入鱼种池。

2. 鱼种培育

鱼池面积不宜过大，小的数十平方米，大的0.3～0.45亩，水深1米左右。有条件的可用石砌池埂，水泥或三合土铺底。鱼种放养前彻底清塘消毒。每平方米放养3厘米鱼种100～200尾，经过45天左右培育可达10厘米，成活率75%左右。每天投喂适口、充足的水蚯蚓等活饵（日投饵量约为鱼体重的10%）。视水质肥瘦经常加注新水，每次换水量为20%左右，根据大口鲇鱼种的生长情况定期进行分级，保持同池鱼种规格一致，以防相互残杀。当达到10厘米以上，即可进行成鱼养殖。

（四）成鱼养殖

1. 池塘混养

在野杂鱼较多的家鱼食用鱼池或亲鱼池中混养大口鲇，不另增加投饵，放养量根据鱼池条件和饵料状况而定，通常每亩投放10厘米的鱼种30～40尾，年终可产尾重0.5千克以上的商品大口鲇20～30千克。饲养中保持水质清新，避免缺氧造成浮头，混养大口鲇的鱼池不宜搭配其他鱼种。

2. 池塘单养

选择面积为1.5～4.5亩，水深1.5米左右，注水和排水方便，淤泥较少的池塘，每亩放养10厘米左右的鱼种1 000～1 200尾，饲养5个月左右，每亩产商品大口鲇300千克以上。养殖期间以小杂鱼、蚯蚓、蝇蛆等动物性饵料为主，有条件的可制成配合饲料，每天投喂2次，日投饵量为鱼体重的5%～8%。每日的实际投饵量应根据天气、水质、鱼的吃食情况等灵活掌握。注意调节水质，在高温季节，隔20～30天全池泼洒1次生石灰，每亩用20千克左右。饲养期间将部分达到食用规格的大口鲇轮捕上市。

三、鳗鲡养殖

鳗鲡（图9－3）肉味鲜美，营养丰富，是淡水养殖的名贵鱼类。全世界有很多鳗鱼品种，我国主要产日本鳗鲡。

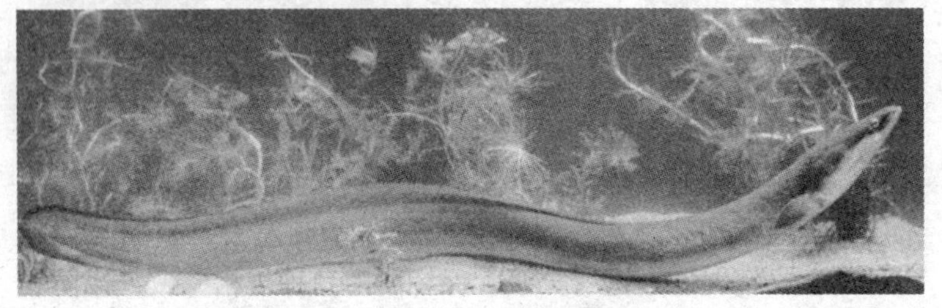

图9－3　鳗鲡

（一）生物学特性

1. 生活习性

鳗鲡是温水性鱼类，生长适宜水温20～28℃，在水温4～38℃均能生存。如果水温低于8～10℃，成鱼则停止摄食，潜入石砾或底泥中冬眠；水温超过28℃食欲明显下降。鳗鲡喜暗怕光，习惯昼伏夜出，白天潜入洞穴、石缝等阴暗的地方，夜间觅食，是典型的肉食性鱼类。幼苗期喜食水蚤、桡足类幼虫、丝蚯蚓、贝类等，成鳗以水生昆虫、小鱼虾等为主，在人工饲养下，也摄食配合饲料。鳗鲡对环境具有很强的适应能力，能利用皮肤进行呼吸，故只要保持皮肤湿润，较长时间离水也可维持生命。

2. 生长与繁殖

鳗鲡在自然条件下，因饵料难以充分保证而生长较慢，通常需要 3 ~4 年才能长成 150 ~200 克的商品鳗。在人工养殖条件下，鳗苗经过 1 年左右饲养即可达到上市规格。鳗鲡是一种降河性洄游鱼类。雄鳗 3 ~4 年性成熟，雌鳗比雄鳗晚 1 年成熟，但在淡水中不能繁殖。每年秋末冬初，大批已达成熟年龄的亲鳗从河、湖中洄游进入海洋，在洄游过程中性腺发育成熟，最后在深海区产卵。卵呈浮性，有油球，卵径 1 毫米左右，受精卵在海洋中漂流孵化。孵出的仔鱼发育成柳叶鳗，然后变态成细长而透明的白仔鳗苗，体长为 5.5 ~6.0 厘米，每千克 5 500 ~7 500 尾，个体体重为 0.12 ~0.2 克。待到条件合适时，潜入在大陆沿岸海底的鳗苗开始溯河，在淡水水体里生长发育。在溯河时，白苗逐渐长出色素，成为黑仔鳗苗。以规格来区分，还没有统一的标准，我国作为商品出口的黑仔鳗苗规格为每千克 300 ~2 000 尾，平均体重 0.33 ~5.0 克。

（二）鳗苗的采捕、暂养和运输

1. 鳗苗的采捕

（1）采捕时间　鳗鱼的人工繁殖还未取得成功，养殖的苗种只能靠捕捞。鳗苗的捕捞是在溯河盛期进行。潜伏在沿岸地区海底的白仔鳗苗，遇到适宜的季节和环境条件时，经过河口大量向江河上溯，此时便是捕捞鳗苗的汛期。汛期主要受水温、潮汐等自然因素的影响，一般在冬季、春季，自南向北，逐渐推迟。如广东一般在 12 月见苗，浙江在 1 月上中旬见苗，江苏在 1 月中下旬见苗，汛期要到 5 月份才结束。最好选择满潮、大潮及日落后 1 ~2 小时的微风天气，在有淡水流出的江河口、水闸等地段进行采苗。

（2）采苗方法　采苗工具主要有抄网、张网、拖网等，可利用鳗苗的趋光习性，在岸边设置灯光诱集。也可在较宽阔的河道、河口区的浅海滩设置张网捕捞溯游入河的鳗苗，或者用两条船带动浮拖网进行拖捕。

2. 鳗苗的暂养

捕捞的鳗苗需要经过 1～2 天的暂养，可有效提高运输成活率。

（1）网箱暂养　选择水质清新的河道或池塘架设网箱，箱布为每厘米 11～12 眼的聚乙烯布，网箱高 1 米以上，箱上沿离水面 20～30 厘米，一般每平方米放鳗苗 3～4 千克。

（2）湿润暂养　将鳗苗放在水桶、脸盆、鳗箱容器中，每隔 1～2 小时淋水 1 次，以保持其体表湿润，该法可暂养 2～3 天，效果较好。

（3）水泥池暂养　水泥池一般为 800 厘米 ×400 厘米 ×80 厘米，水深 1.3 米左右，并有进、排水和增氧等措施。当水温为 13～15℃时，每平方米水体可放鳗苗 5～6 千克，暂养期间投喂蛋黄、水蚤等饲料。

3. 鳗苗运输

（1）聚乙烯双层袋运输　聚乙烯双层袋的规格为 70 厘米 × 40 厘米，每袋装水 2～3 千克，鳗苗 1～2 千克，充氧后密封，外面用纸箱包装，每箱放 2 袋，袋间放置冰袋，在 24～30 小时内保证有很高的成活率。

（2）淋水运输　装苗的木箱为长方形，规格为 50 厘米 × 35 厘米 ×8 厘米，在箱底部和四周装上 20 目的聚乙烯网布。装运时，每层箱放入鳗苗 1.5 千克左右，5～6 个箱重叠为一组。水温较高（20℃以上）时，可在最上一层放冰块，既可降温，又可保持鳗苗湿润。此法运输鳗苗，如不超过 30 小时，成活率可达 80%～90%。

当鳗苗到达目的地后，先将塑料袋放在池水中浸泡，袋内水温与池塘水温基本相近时，再解开袋口放苗。

（三）鳗种培育

鳗种培育是将白仔鳗养成 15～20 克的幼鳗，用来进行成鳗养殖，可获得较高的成活率。

1. 鳗池建造

因地制宜选择水泥池、土池等作为鳗种培育池。水泥池面积根据饲养鳗苗的规格而定，一般分为三级：一级池面积 50～100 平方米，池深 1 米，水深 0.5～0.6 米，主要用于鳗苗引食训练；当鳗苗长至 0.2～0.5 克时，转入面积 200～400 平方米、池深 1.2 米、水深 0.6～0.7 米的二级池中饲养；最后将达 2 克左右的鳗种分养到 600 平方米左右、池深 1.4 米、水深 0.7～0.8 米的三级池，继续培育到 15 克左右。水泥池的形状以圆形或截去四角的正方形为宜。也可以将一般土池改造以后用来培育鳗苗。在池底铺 20 厘米左右的石沙，夯实整平，池壁用砖、石块砌成，高度为 1.5 米，并打好基础。或者用水泥预制板建造池壁。为了防止鳗鱼爬出池外，池壁顶部应有向池内延伸 5 厘米的压口，排水口设有纱窗布或金属网栅。锅底形鳗池的排水口在池中央，而平底形池底向排水口倾斜。

2. 投放鳗鱼

鳗苗投放前应严格进行消毒，用 3 毫克/千克亚甲基蓝对鳗苗进行药浴 5～15 分钟。鳗苗的放养时间，露天池通常以水温达到 20℃以上为宜。放养密度，静水池每平方米水体放鳗苗 0.2～0.3 千克，流水池则为 0.5～1.0 千克。

3. 饲养管理

（1）驯食　驯食时间根据驯化效果而定。鳗苗刚下池的最初几天，可在傍晚将丝蚯蚓作诱饵投在食台上引食，也可在食台周围投喂鲜活水蚤，日投喂量为鳗苗体重的 20% 左右，同时饲料台上挂一个 15 瓦的电灯泡诱食。待绝大部分鳗苗养成集中摄食的习惯后，逐渐将投饵的时间从夜间推移到清晨至白天。当鳗鱼日间能游到食台上正常摄食后，即可先将丝蚯蚓、水蚤或剁碎的蚌肉、鲜鱼的肉糜拌入鳗鱼饲料投喂。逐渐加大配合饲料的比例，大约 10 天左右，就可以完全投配合饲料了。一般日投 2～3

次，配合饲料每天投饵量约占鳗苗体重的8%左右，要根据摄食情况进行调整，每次投饵以20分钟左右吃完为度。

（2）分养　在鳗苗的培育中，要根据规格大小及时进行分养，以防弱肉强食，影响小规格苗种的生长和成活率。通常每20~30天分养一次，分池前12~24小时停食，先用密眼的小抄网捕捞抢先上食台的规格较大、体质健壮的鳗苗，转入分养池，或者在食台上先装好密眼网片，当鳗鱼上台抢食时收拢网片，即可捕获大部分鳗苗，然后放入网箱内暂养，再排水放苗或用网全池兜捕。当个体逐渐长大后，用鱼筛进行分养。各级鳗种池的放养密度根据苗种的大小灵活掌握。静水式养殖池，每平方米的放养量为：一级池200~300克，二级池300~500克，三级池500~1 000克。流水式养殖池，每平方米的放养量为：一级池500~1 000克，二级池1 000~2 000克，三级池2 000~3 000克。

（3）水质调节　在养殖期间如水质过浓，应及时加注新水。换水时要注意防止逃苗及水温的急剧变化，特别是室内温水培育池，每天应排污1~2次，用橡胶管吸出污泥、死苗和杂物。另外，根据水质肥度，不定期施氮、磷肥，以培养适量的微囊藻，通过光合作用产氧。也可以在池中安装水车式增氧机增氧。温流水养鳗池可采取空气压缩泵以及配置气泡石增氧。

（四）成鳗养殖

成鳗饲养是将15~20克的鳗种养成200克左右的商品鳗。

1. 鳗池条件

选择条件较好的土池修建成鳗池，可降低成本，提高经济效益。要求面积3 300~10 000平方米，池深1.5米，牢固不漏水、不渗水，具有完善的注、排水系统，并建造排污和收集鱼的闸口，池壁用水泥预制板或砖石砌成，壁顶呈“T”形，池底铺20厘米的沙石。鳗种放养前对鳗池进行清整消毒。

2. 鳗种投放

鳗种要求体质健壮、游动活泼、顶水能力强，同一池塘规格基本一致。放养时间为开春后水温上升到13℃以上进行，放养时对鳗种严格消毒。根据鱼产量、池塘条件、鳗种规格掌握适宜的放养量。如果每亩产量要达到1 000千克以上，规格为15～20克的鳗种，每亩放140～180千克；鳗种规格为30～50克，每亩应放400千克左右；半流水池塘，每平方米放养20克左右的鳗种3～5千克，流水池5～10千克。

3. 合理投饲

除成鳗投喂配合饲料外，还可利用蚯蚓、螺蚌、杂鱼、蚕蛹、动物内脏等鲜活饲料，并掌握科学的投饲方法，坚持做到“四定”。

定时：每天投1次，在上午9：00左右，冬季、春季水温下降至20℃以下，可安排在下午或隔日投。

定量：根据水温、鳗种规格、索饵、生长等情况决定适宜的投饲量，日投饲率（每天投饲量占鱼体重的百分数）一般为3%左右，新鲜饲料为10%～15%。

定质：配合饲料要求营养全面，配制合理，蛋白质含量高，新鲜饲料一定要鲜活、洁净。

定位：配合饲料投在固定的浮性食台上，而螺蚬可投在食台下的食场上。

4. 水质管理

如果是水泥池，需要通过施氮肥（尿素或硫酸铵）或引种培育适量的微囊藻，保持池水透明度25厘米左右。根据水温、水质变化定期换水。如透明度小于15厘米，应及时注入新水，特别是在夏秋的高温季节，每天排污灌水1次，每次换水10%～20%，早春和晚秋，每3～4天换池水10%。为了控制浮游动物（如轮虫）的过度繁殖，每亩混养老口鳙苗30～40尾。晴天黎明前和中午分别开增氧机2～3小时。阴雨或闷热天应适当延长开机时间。另外，要在投饲前开机半小时，以起到增氧诱食的作用。每天巡塘3次，发现问题，及时采取有效措施。搞好鱼病防治工作。

5. 捕捞

在3月投放的鳗种长到6月中旬，就会有部分个体达到商品规格，可以及时起捕上市。在捕捞前停食1天，黎明前下网，用杂鱼引诱鳗鲡上食台后再用网捕。或者先排一半池水，然后突然加注新水，再用网围捕在进水口群集溯水的鳗鲡。以后则根据鳗鲡的生长情况和市场行情来确定捕捞时间。对于年终起水不能达到商品规格的鳗鲡，可放进温室或水较深的池塘越冬，越冬期间保持池底部水温在4℃以上，注意防止水霉病。

四、黄鳝养殖

黄鳝（图9－4）广泛分布在全国各地的湖泊、河流、水库、沟渠、池沼等水体中，特别是长江流域分布密度大、产量高。黄鳝肉质鲜美，营养丰富，有补血补气、消炎、防风湿等药用功效，是一种经济价值很高的养殖对象。

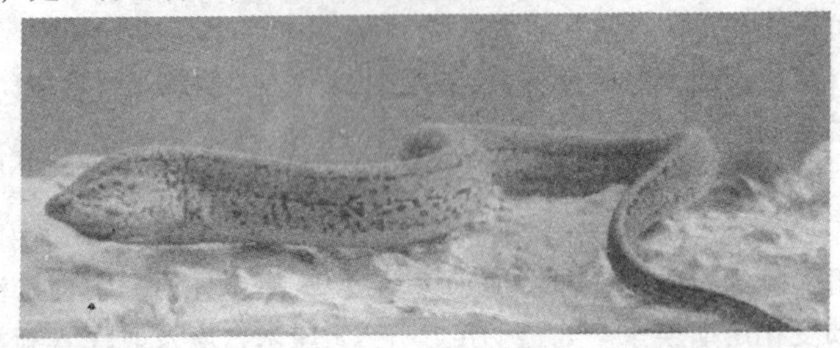

图9－4　黄鳝

（一）生物学特性

1. 生活习性

黄鳝为底栖性鱼类，耐低氧能力强，能用咽腔和表皮直接呼吸空气，故只要保持身体湿润，较长时间离水不易死亡。多栖于河沟、稻田、湖泊、池塘等水底泥土中，也喜欢营穴居生活，白天潜居洞穴中，晚上常守候在洞口捕食。当水温降到10℃以下时，就潜入泥土深层越冬，第二年春季水温上升到10℃以上，便开始出洞觅食。最适生长水温为15~28℃。

2. 食性与生长

黄鳝是以动物性食物为主的杂食性鱼类，主要捕食各种昆虫、蚯蚓、小鱼、小虾、螺、蚬、蝌蚪、幼蛙等，肉食缺少时也吃浮萍、丝状藻类等。黄鳝1冬龄全长27~44厘米，体重19~96克；2龄鱼全长45~66厘米，体重74~270.5克；最大个体全长达70厘米，体重1.5千克。

3. 繁殖习性

黄鳝具有独特的自然性逆转生理性状，通常体长20厘米左右的1冬龄个体就能产卵，从鳝苗到第一次性成熟都是雌性。产卵后，卵巢会逐渐退化而转变成精巢，由雌鳝变成雄鳝，就终生为雄体了。繁殖季节约在5~8月，以6~7月最盛。在繁殖期间，雌鳝在洞穴附近吐出泡沫堆成浮巢，然后将卵产在泡沫之中，受精卵借助泡沫的浮力能浮于水面发育，亲鳝则在一旁严加“保护”。当水温30℃左右时，一般6~8天即可孵出仔鱼，然后再经4~7天卵黄囊消失，幼鳝体长28毫米左右便能自由游动觅食。

（二）饲养技术

1. 鳝池建造

选择地势稍高、水源充足、水质良好的地方，池子大小根据生产规模而定，可因地制宜利用水泥池或土池。前者是用水泥、砖砌成，并在壁顶加简易“丁”字形防逃盖，然后在池底铺一些淤泥（20~30厘米厚），保持水深10厘米左右，池壁上沿至少要高出水面20厘米，以防黄鳝逃跑。土池则要从地面向下挖30厘米左右，并用挖出来的土在周围做埂（高0.5米、宽1米）。将埂和池底夯实；在池底铺1层油毡，再在池底及四周铺塑料薄膜，在薄膜上堆20～30厘米淤泥。如果挖池处土质较硬，鳝鱼无法打洞，可以在池底和池壁加1层厚5厘米以上的三合土，打实。但接近地面处需用砖砌高出地平面10厘米以上，池沿造成压口。池内要种植一些漂浮性水生植物，池边搭架，种些瓜果类，供黄鳝隐藏休息和夏季遮阴。

2. 苗种放养

鳝种投放前7～10天，每平方米池子用生石灰0.2千克清塘消毒，保持池水深20～30厘米。鳝种要求体质健壮，规格基本一致，以防互相残食。以（20～30）克/尾为好。放养密度则视鳝种大小、水流条件及技术水平等灵活掌握。一般每平方米放3～5千克。鳝种入池前用3%～5%的食盐水浸洗消毒，以杀灭黄鳝体表的病原体。

3. 投饲

针对黄鳝偏爱鲜活饲料和习惯夜间觅食的特点，在黄鳝饲养初期要做好驯化工作。即在黄鳝下池后几天之内不投饵，然后用引食饲料（如蚯蚓、蛙肉等）切碎投喂，待其吃食正常后，在饲料中逐渐掺入各种人工饲料（蚕蛹、煮熟的动物内脏、血粉、豆饼、麸皮、米糠等）。一般经过5～6天，便可完全投喂人工饲料。放养初期，投饵时间宜选在傍晚，逐步提前投饵，最后使黄鳝改在白天摄食。投饵量随温度升高逐渐增多，投饵量初期占黄鳝体重的3%～4%，生长旺季为5%～7%。

4. 管理

（1）调节水质　因鳝池水浅，水质易恶化，故应3天左右换1次水，天热时每天换1次水，注意进水的温度要与池水温度基本一致，温差不能超过3℃。

（2）防逃　经常检查各水口的防逃设施，发现问题及时维修。在雷雨天要防止雨水流入池中，否则黄鳝将循水流线路外逃。

（3）防病　经常注意观察，发现细菌性疾病，可用1毫克/

千克漂白粉全池消毒；如果是寄生虫病，则用90%晶体敌百虫0.4~0.5毫克/千克全池泼洒。

（4）越冬 水温降至10℃以下，应将黄鳝起捕上市。如需要越冬，可排干池水，然后铺上1层稻草或麦秸，使黄鳝在泥土深处冬眠。

五、河蟹养殖

河蟹（图9-5）在我国分布很广，渤海、黄海、东海、沿海诸省均有，尤以长江流域盛产。河蟹肉质细嫩，营养丰富，具有较高的经济价值，是我国淡水养殖业的主要养殖对象之一。

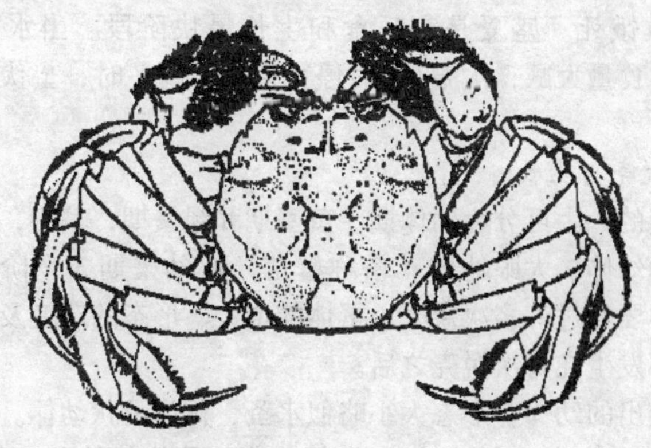

图9-5 河蟹

（一）生物学特性

1. 生活习性

河蟹喜欢栖息在水质清新、阳光充足、水草茂盛的江河、湖泊中。通常在泥岸和浅滩挖洞穴居，有的则隐藏于石砾、水草丛中；养殖密度高的水域，多隐伏于水底淤泥中。

河蟹喜昼伏夜出，白天隐蔽洞中，夜晚出来活动觅食。生长快，适应性强，适宜生长水温为15~30℃，对水中溶氧要求与鲤、鲫相似，水体 pH 一般为 7.5～8.5。每年 6～8 月是河蟹活动盛期，此间摄食量大，生长最快。当水温降至 10℃以下，河蟹活动力减弱，开始进入冬眠阶段。

2. 食性

河蟹属杂食性动物，喜食鱼、虾、螺、蚌等动物性食物，尤其是腐臭的动物尸体，有时也会主动进攻青蛙和蝌蚪，有相互残食的习性。一般情况下，河蟹摄食植物性食物的机会较多，主要进食浮萍、丝状藻、水葫芦等水生植物或岸边植物，也吃农作物如蔬菜、禾苗、谷物等。

河蟹消化力强，食量大，饱食后多余的营养便贮存在肝脏中（即所谓的蟹黄）。因此，它的耐饥能力也很强，长达一个月不吃也不致饿死。盛夏是它旺食和生长最快阶段。当水温低于 10℃时，食量大减，水温 6℃时停止摄食。越冬时，蛰伏洞中不进食。

3. 蜕壳与生长

河蟹的一生可分为幼体期、黄蟹期和绿蟹期，其中，幼体期包括蚤状幼体、大眼幼体（俗称蟹苗）和幼蟹期 3 个阶段。河蟹一生中要经过许多次蜕壳。蟹体的增大、形态的改变及断肢的再生等都发生在每次蜕壳之后。

刚孵出的幼体，形态大小略似水蚤，称为蚤状幼体。蚤状幼体在海水环境中生长发育、蜕壳变态。蚤状幼体经 5 次蜕皮（约 1 个月时间）可变态成蜘蛛大小的大眼幼体。大眼幼体进入淡水后经 5 天左右蜕皮一次变成第 1 期幼蟹，幼蟹每隔一定时间蜕皮一次，个体不断增大，体形由圆形逐渐接近方形。

幼蟹经过多次蜕皮，体重增至 20～25 克以上，生产上习惯称为黄蟹。黄蟹甲壳柔软，淡黄或灰黄色，腹部周缘及大螯的绒毛短而稀少，性腺发育至第Ⅱ期、第Ⅲ期。

自然水域中，一般 2 龄的黄蟹每年 9～10 月完成生命中最后一次蜕壳就进入绿蟹期。绿蟹甲壳坚硬，背部墨绿色，性腺迅速进入成熟阶段。

蜕壳是河蟹生长发育的标志。在环境条件适宜，特别是饵料较为丰富时，每次蜕壳后形体增长幅度大。当黄蟹一旦蜕壳成绿蟹后，即进入性成熟阶段，不再蜕壳，个体也就不再增大。生殖一结束，河蟹的生命即终止。当年成熟的河蟹，第二年受精卵孵化后死去。河蟹寿命一般2~3年。

4. 繁殖习性

河蟹是在浅海里出生、淡水中生长的洄游性动物。俗话说："西风响，蟹脚痒。"每当秋冬之交，寒风来临，水温开始急剧下降时，在淡水中成熟的河蟹纷纷爬出洞穴，成群结队地进入江河顺水而下，进行生殖洄游，在河口海、淡水交汇处交配产卵。每年12月至翌年3月是河蟹交配产卵的盛期。水的盐度和温度是交配产卵时必要的生态条件。当水温在8℃以上、盐度在8%~33%内，达到性成熟的雌、雄河蟹就会发情，顺利地完成交配。交配后的雌蟹，在水温9~12℃时，约经7~16小时产卵。产出的卵粒绝大多数黏附于腹肢的刚毛上，这种腹部抱卵的河蟹称为怀卵蟹或抱卵蟹。雌蟹产卵量与体重有关，体重100克以上的个体，一般产卵40万~50万粒，多数可达100万粒。

受精卵的发育是在雌蟹抱卵期间进行。自然条件下，早期产卵的河蟹，受精卵在低温条件下，胚胎发育十分缓慢，雌蟹抱卵时间长达4个月之久。后期产卵的河蟹，胚胎发育快，1~2月孵出第1期蚤状幼体。河蟹的受精卵发育，必须在海水中进行，如若中途突然转入淡水中，胚胎发育即会停止，并逐渐溶解死亡。

（二）蟹苗的运输

蟹苗一般采用干法运输，其容器叫做蟹苗箱。为了使箱内空气新鲜，氧气充足，又能维持湿润环境，容器四周用木板制成，留有通气窗口。箱为套盒状，每个苗盒长60厘米、宽45厘米、高10厘米，盒四侧开4厘米×30（或15）厘米的长方形窗口

（也是观察窗），窗口和箱底均用网目为 1 毫米的塑料窗纱或聚乙烯纱网镶上，每 5～8 盒套叠成箱组，每层之间不得有空隙，箱的上下各配一木板盖，运输时将叠苗盒捆扎牢固，这样，每盒可装蟹苗 1～1.5 千克。因蟹苗具备离水后用鳃呼吸的特点，在气温不高、环境适宜、运输时间短的情况下（24 小时以内）蟹苗成活率可达 90% 以上。利用蟹苗箱运输蟹苗应注意：一要箱体干净，完好无损；二要运输途中适时喷水，防止蟹拥挤结团；三要防风吹、日晒、雨淋及高温。如运输路程太远，当天不能到达目的地，可选择良好的水域，将蟹苗箱放入水中暂养 10 分钟或将蟹苗移入网箱内暂养一段时间，暂养密度为每立方米水体 4 万只左右。

（三）成蟹养殖

1. 内河湖泊养蟹

在内河、湖泊等大水面放养河蟹苗种，不仅对增殖水域的河蟹资源、提高河蟹产量有着十分重要的意义，而且还可以获得较高的经济效益。

（1）放流水域的选择　凡可以养鱼的内陆水域均可放养蟹苗。根据河蟹的生活习性，选择水质清澈、阳光充足、杂草较多的浅水湖泊、内河较好，稍含盐分的水域也可以放养，但要求无污染。由于河蟹喜在堤岸打洞穴居，因此，由泥土筑成的水利设施不宜放养蟹苗，以防众多河蟹打洞挖穴，危及堤坝安全。

（2）放养方法及管理　蟹苗运到目的地后，应立即进行放养。放养时应选择水草茂盛的浅滩、泥岸，在向阳面将蟹苗箱浸入水下，让其自行游去，或者将蟹苗均匀地撒在水浮莲、水葫芦、水花生等浮性水草上，切忌将蟹苗箱倾倒或扣放入水。放养密度根据水域条件或历年生产情况而定，一般水草多的浅水湖泊，每亩可放苗 600～900 只；湖（河）水源，水草覆盖面积小，每亩放养 200～400 只。以放流形式将蟹苗放入内河、湖泊等大水面水域后，虽不需人工投饵，但要加强管理。蟹苗放养 1

个月内，不得在养蟹水域放鸭，在整个河蟹生长期，禁止排入工业污水。

幼蟹放流后，一般需 2 秋龄才能成熟。冬天应根据实际情况，统一制定幼蟹的保护措施和成蟹的开捕时间，有条件的要设立河蟹增殖保护区和禁捕区，严禁捕捉幼蟹和黄蟹。

2. 网围养蟹

（1）网围区的选择　湖泊、内河等大水面，若是具备水流平缓、避风向阳、水深适宜、底部平坦、黄泥或淤泥底质、水质未受污染等条件，均可网围养蟹。网围养蟹具有水质好、溶氧高、水草、螺、蚬等饵料生物丰富以及河蟹生长快、病害少、成本低、产量高等特点。

（2）网围设施　用网目为 1～1.2 厘米的聚乙烯网片作围网，用毛竹作桩。围绕圈定的养殖区打桩、挂网，每 1～1.5 米一个桩，网的底部用石笼和地锚固定，使网脚与底泥紧贴，并沉入底泥内，网的上部高出水面 1～1.5 米，顶部再装 0.5～0.7 米向内倾斜的倒网，以防止蟹从网上爬出。一般网围面积为 3～10 亩，最大不超过 100 亩。通常在养殖区外再建一道网围区，以确保安全。也有以竹箔代替网片形成箔围。竹箔每根竹片插入泥中比较坚实，不易被河蟹咬断，淤泥较厚的湖泊，抗倒伏效果好，但使用年限短，制作费工时。网围制作方便，但抗倒伏差。

（3）种植水草，保护水草资源　湖泊和网围内水草的多少不仅直接影响河蟹的数量、规格和品质，而且关系到网围养蟹能否走上可持续发展道路的关键措施。渔谚“蟹大小、看水草，蟹多少、看水草”是十分形象化的比喻。为保护湖泊的水草资源，一方面务必保护好围网外的水草，做到合理开发利用；另一方面，必须在网围内种植水草。方法是用网片将网围一分为二，先用一半水面放养蟹种，另一半水面种植水草。目前生产上大多种植苦草。

（4）蟹种放养　蟹种放养时间一般在 3 月，此时水温低

(10℃左右)，运输成活率高。每平方米投放越冬蟹种（规格为80~200只/千克）2~2.5只。网围养蟹采取鱼蟹混养，故鱼种放养仍按常规进行，但适当减少草食性鱼类放养量，增放一部分鲫和鲢、鳙，以缓解鱼、蟹的食饵竞争。

（5）饲养管理　饵料是人工养殖的物质基础。饲养管理过程中，除利用网围圈内生长、繁殖的水草和底栖生物外，主要靠投喂人工饵料。河蟹可利用的饵料有水草、浮萍、藻类，瓜类、饼类、谷物、小杂鱼、螺蚌肉、蚕蛹、屠宰场下脚料、各种动物尸体等，此外还有人工饵料。早期河蟹投饵，应根据其摄食能力和适口性投给，一般每天上午、下午各投喂1次鱼虾肉糜、蚕蛹粉、蚯蚓糊、豆浆等饵料，泼洒在网围内，每天每万只蟹平均投喂200~500克。饲养1~3个月后，壳宽长大到1~3厘米的幼蟹，一般投喂水草、菜叶、剁碎的动物内脏、螺蚌肉、鱼肉等，饵料投放在土堆边、浅水处或水草上，每天下午16:00~17:00投喂1次。饲养管理过程中要经常潜水检查拦网设施有无破损，发现破损，及时修补加固；特别是在汛期和大风天气，要及时巡查以防箔倒蟹逃；要定期洗刷网布，及时捞除网边的漂浮物、杂草等。成蟹的捞捕一般采用刺网、蟹簖、板罾、撒网、张网等网具。

3. 池塘养蟹

池塘养蟹是近几年来新兴的水产养殖业。它利用池塘小水体实行人工精养，使河蟹养殖成活率、生长速度、单位面积产量等均明显优于大水面粗放养殖方式。池塘养蟹主要有混养和单养2种方式。

（1）池塘条件与构造　养蟹池宜选择靠近水潭、水量足、排灌水方便、无污染的池塘。池塘面积以1~4.5亩为宜，深1.2~1.5米，淤泥浅。1亩以上的单养池，最好在池中设埂或土堆，便于河蟹打洞和出水活动，也可在池底投放瓦片、树枝等，为河蟹提供隐蔽场所，以减少互相残食。河蟹攀爬外逃的能力很强，池四周须建防逃设施。防逃墙是一种常用的防逃设施，它以砖块砌成，墙高70～100厘米，墙顶向池内伸出15～20厘米的压口，使之成“T”形，墙内用水泥浆抹光。在小蟹阶段，如能从墙顶垂挂一条宽30～40厘米的塑料薄膜，薄膜与墙顶平面接触处用砖压实，使之形成双重防逃结构，效果更好。此外，养蟹池的进出水口也要附加防逃设施。

（2）苗种选购与放养

①苗种选购：无论是单养还是鱼蟹混养，均以放养隔年的“铜钱蟹”即2龄幼蟹为宜。放养“铜钱蟹”生长快、成活率高，当年放养当年见效。选购幼蟹通常在春节后进行，选购的幼蟹要求大小均匀，规格一致，肢体完整，无病无伤，体质健壮，每千克300只左右。

②苗种放养：幼蟹入池前半个月应进行彻底清塘消毒（用生石灰效果最佳）。2龄幼蟹单养时，每公顷放养2.25万～3.75万只；鱼蟹混养每公顷放养7 500～15 000只，放养鱼种7 500尾左右。所放鱼种以花白鲢为主，搭配少量的草鱼、鳊，切忌放养底层性鱼类。

（3）日常管理

①投饵：河蟹的摄食量与水温有密切关系，投喂量应根据河蟹的生长发育情况和水温的变化加以控制。当水温10～15℃时，河蟹摄食量较少，可少量投喂植物性为主的糊状饵料；5～6月，水温较高，是河蟹生长旺季，蜕壳频繁，应尽可能多投动物性饵料。水温降至10℃时，减少投喂量，水温8℃以下就不必投饵。

②换水：养蟹池要经常换水，保持良好的水质和一定的水位。4月、5月前和9月、10月一般每周换水1次，换水量不少于原池水的1/3或1/2，6～8月每3～4天换水1次，每次换水1/2左右，注入水与原池水的温度差不宜超过3～5℃。混养鱼类的蟹池，发现浮头要及时换水，有条件的可在池中设置增氧机。

③巡池：整个养殖期间要坚持早、中、晚3次巡池，观察河

蟹的生长情况，做好防逃、防盗、防敌害生物等工作。

六、中华鳖养殖

中华鳖（图9－6）俗称甲鱼、团鱼、脚鱼及水鱼等，是一种名贵的水生动物。鳖肉营养丰富，鲜美可口，在医药中具有滋阴壮阳、利肝益肾、清热消瘀等特殊功能。我国鳖的天然资源丰富，除新疆、青海等省区外，其余各省区的江河、湖泊、池塘等水域中均有分布。由于环境污染和掠夺性的捕捉，野生鳖资源日趋衰退。随着人们生活水平的不断提高和对外贸易的发展，对鳖的需求量也越来越大，因此，应该大力发展人工养鳖。

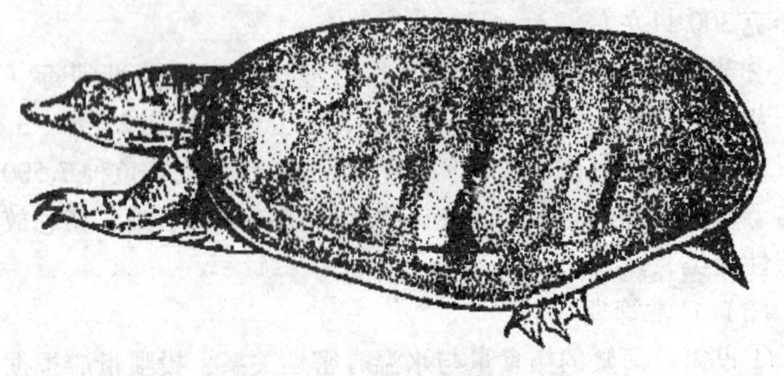

图9－6　中华鳖

（一）生物学特征

1. 生活习性

鳖是生活在淡水中的两栖爬行动物，喜欢栖息在底质为淤泥的河流、湖泊、池塘中，鳖用肺呼吸，常浮到水面以吻尖呼吸空气，呼吸频率随温度的高低而增减。在晴朗无风的天气，鳖便爬出水面到岸上“晒背”，以杀死体表的病原体和寄生物，增强抵抗力。鳖是变温动物，适宜水温为20～35℃，秋末当水温下降到15℃时停食，水温达10℃左右钻入底泥沙中冬眠。当来年早春水温达到15℃以上时才开始复苏。鳖性胆怯，但又很机灵，听到声响迅速潜入水底。

鳖生性好斗，尤其是成鳖在生殖季节，雄性个体之间的咬斗厮打更凶，体弱者有时会被咬伤而亡。鳖遭敌攻击时会伸出头颈主动攻击，用嘴咬敌不放，只有将鳖放入水中它企图逃跑时才自动松口。

2. 食性与生长

鳖是以动物性饵料为主的杂食性动物，食谱广，消化力强。在自然条件下，稚鳖主要摄食水生昆虫、水蚯蚓、水蚤、蝌蚪等；成鳖则以鱼、虾、蛙、螺等动物为主，也摄食少量植物。在人工养殖条件下，可摄食配合饲料、动物内脏，如食物不足会同类相残。鳖在常温条件下生长很慢，需要4～5年的饲养才能达到0.5千克以上的商品规格，但如果在温室中进行常年饲养，一般12～15个月便可养成商品鳖。

3. 生殖习性

鳖通常4～5龄开始性成熟，在长江中下游地区，每年4月下旬至5月初，当水温达到20℃以上时开始发情交配。交配一般在傍晚进行，交配过程5分钟左右即结束，每交配1次，精子能在鳖的输卵管中生存5个月以上的时间。交配后2周左右开始产卵，产卵大多在夜间进行。亲鳖选择安静隐蔽、能保温、保湿的泥沙处产卵，用后肢在地上挖一个锥形的洞穴，将泄殖孔伸入其中产卵，产卵后用沙盖好洞口，并用腹部把沙压平，然后回到水中。每只亲鳖一年可产卵3～5次。每年产卵8～15只。鳖的卵子多为黄卵，卵径1.5～2厘米，重约2～5克。孵化温度32℃左右时，经过45天左右可孵出稚鳖。

（二）养鳖场的建设

1. 场地的选择

养鳖场应建在环境安静、阳光充足、水质良好、水量充沛、交通方便的地区，土质以保水性能较好的黏土或壤土为好。在各类鳖池四周要修建高60厘米的防逃墙，墙顶向池内边伸进15厘米。除养鳖池外，还必须有排灌水系统、饲料加工厂、库房以及其他生产、生活配套设施。

2. 鳖池的建造

（1）亲鳖池　面积400～1 000平方米，池深1.5～1.8米，蓄水1.2米左右，在池的北坡建立高出水面0.5米左右的产卵场，池埂坡度30°，其余三边不留坡，以防亲鳖分散产卵。为了保持产卵场的干湿度，池埂面要高出水面1米。其面积按每只亲鳖占地0.1平方米左右计算，在池底和产卵场均铺上30厘米左右的河沙，在产卵场上方搭阴棚，并在附近种植秆高叶茂的植物或阔叶树木。

（2）稚、幼鳖池　有条件的最好建成室内水泥池结构，稚鳖池面积5～10平方米，池深0.5米，蓄水深0 3米；幼鳖池面积30～100平方米，池深0.5～0.8米，蓄水深0.4米。在池壁的一侧修建与水面呈30°角的斜坡，在坡顶做成宽50厘米的平台，作为鳖休息和摄食的场所（面积占全池的1/10）。池壁顶部要修建宽约8～10厘米的防逃反边，以防稚、幼鳖逃逸。池底铺10厘米左右的河沙。从进水口到出水口处应有一定坡度，并安装好防逃网罩。另外，也可以在室外选择背风向阳的地方修建稚、幼鳖池。

（3）成鳖池　水泥池一般面积为50～100平方米，池深1.2～1.5米，蓄水深0.8～1米。池壁顶部四周有向池内伸出10～15厘米的防逃反边。池壁四角设三角形防逃板，底部铺20厘米左右厚的河沙，在池周围或至少1面留有一定面积的斜坡，作为鳖出水休息场所，也可以在池中用木板或竹箔搭成休息台。土池一般可由鱼池改建，面积不宜超过2亩。

（三）鳖的繁殖

1. 亲鳖的选择与雌雄鉴别

鳖性成熟的年龄随不同地区气候而异，在长江流域一般为4～5龄，体重0.5千克以上即开始性成熟。华南为3～4龄，华北和东北地区为6龄以上。在生产中，最好选择5~6龄、体重1.5千克以上、体质健壮、肌肤光亮、行动敏捷的雌雄亲鳖。

2. 亲鳖培育

（1）放养密度和雌雄比例　每平方米放养0.5~1只，每亩水面亲鳖总重量宜控制在250千克以内。雌雄比例为3∶1或4∶1。通常在10~11月水温不低于15℃的条件下放养，有利于亲鳖潜入泥沙越冬。

（2）饲养管理　当水温上升至18℃以上开始投饵，采用配合饲料或鲜活饲料，并辅以瓜果及蔬菜等植物性饲料。夏季每天投喂2次，配合饲料日投饵量为亲鳖总重的1.5%左右，鲜活饲料为5%~10%，在春秋季则每天投喂一次。保持水质清新活爽，使池水呈淡绿色或褐绿色，透明度25~30厘米。

3. 鳖卵的孵化

（1）鳖卵的收集　当水温上升到20℃以上时，亲鳖开始发育交配，经过半个月左右雌鳖开始产卵，产卵季节为5~8月，通常1只雌鳖每年可产卵3~4次。鳖多在深夜至次日凌晨4∶00之间产卵，因此，每天早晨由专人到产卵场寻找产卵穴，并在其旁边插上标记，待8~30小时后收卵，取出卵后要检查是否受精。如卵壳一端有圆形白色亮区，其边缘清晰圆滑，以后逐渐扩大，卵色鲜亮，说明是受精卵；若未见白色亮区或呈现不规则的白斑，该区域若明若暗，不能继续扩大，则为未受精或发育不良的坏卵，不能收集。将卵整齐地放在底部铺有湿沙的收卵箱中。卵的动物极（白色亮区）朝上，不可颠倒，最后填好洞穴扫平沙床，将卵运到孵化场进行孵化。

（2）孵化方法　人工孵化可以提高受精卵的孵化率，缩短孵化期。孵化方法主要包括室外孵化和室内孵化。室外孵化场适宜大批量繁殖生产。一般选择地势高、排水条件好、背风向阳的地方修建，面积4~8平方米，长宽比例为2∶1或4∶1。孵化场四周用砖砌成高1~1.2米的围墙，墙周围开设排水孔和通气孔，并在墙外侧开辟一条 10 厘米宽、5 厘米深的防蚁沟。孵化场内筑成倾斜坡度为5°~10°的孵化床，底部铺上20厘米左右厚的碎石或粗沙，然后再铺20厘米厚的细沙。在孵化池最低处埋一盛水器（如脸盆或缸），内盛清水，以便收集刚脱壳的稚鳖。孵化池顶部应覆盖塑料薄膜或开玻璃窗。将收集的受精卵按产卵先后次序，由高到低依次整齐安置在孵化床上，卵与卵之间间隔1~2 厘米，卵上覆盖2 厘米厚的细沙。孵化期间最好将温度控制在27~33℃，及时洒水，保持孵化场内一定的湿度。稚鳖出壳前30 天，不可轻易翻动受精卵，以免造成胚胎死亡。还要防止积水，做好防鼠灭蚊工作。

利用孵化箱在室内孵化，要求通风良好。在室内放置1 个长宽各1 米、深20 厘米的木箱，箱底应有滤水孔数个，箱底铺上5 厘米左右的细沙，把受精卵均匀摆好，注意将动物极朝上，卵上覆盖3 厘米细沙，抹平后插上标签，将孵化箱置于架上孵化。注意检查湿度，通常3~5 天洒水1 次，洒水时以使上层细沙略带湿润为宜。

鳖卵的孵化时间长短取决于积温，约需36 000℃时。计算方法，如平均温度为32℃，则为36 000÷（32×24）=47（天）。利用稚鳖刚出壳的趋水性，在出壳前几天，将脸盆埋入孵化箱（盆口平沙床表面），盆内盛清水，稚鳖出壳即落入盆中。

（四）鳖的饲养

1. 稚鳖的饲养

将孵出的稚鳖培育2~4 个月达到10 克左右，称稚鳖饲养。因本阶段是稚鳖生存的关键时期，故应精心管理。

（1）放养密度　根据环境条件和技术水平灵活掌握。室内水泥池，一般每平方米放养50~100 只；露天水泥池，每平方米则放养20 只。

（2）饲养管理　稚鳖出壳后2~3 天，当孵黄囊已吸收完毕开口摄食时，要投喂水蚤、丝蚯蚓，也可投熟蛋黄或捣碎的动物肝脏、螺蛳肉等。每日 2 次，日投喂量约为稚鳖体重的 10% 左右，经过一段时间后逐步改为配合饲料。将饲料投在用木板或水泥板架设于水下 2 厘米处的饲料台上，保持水深 30 厘米左右，每周换水 2 ~ 3 次，可在池内放些水生植物（浮萍、水浮莲等），以改良水质。对于不同时期出壳的稚鳖要分开饲养，以免互相撕咬受伤，以致感染死亡。

如果采取常温养殖方式，当水温降至 15℃ 以下时，将稚鳖转入室内越冬，每平方米放养 150 只左右，越冬期间采取措施尽量使水温保持在 4 ~ 8℃。

2. 幼鳖、成鳖的饲养

稚鳖越冬后即进入幼鳖期，幼鳖经过 1 年饲养再经过越冬就进入成鳖期。这两个阶段的管理方法基本相同。

（1）放养前的准备　认真检查防逃墙，并进行清塘、消毒，待药性消失后再放养。放养时间一般在 4 月中下旬或 5 月上旬（水温稳定在 20℃ 以上）。

（2）放养密度　10 克左右的稚鳖投放到幼鳖池时，每平方米放养 5 ~ 10 只。3 龄鳖每平方米放养 3 ~ 5 只，4 龄鳖每平方米放养 2 只左右。

（3）饲养管理　投饵时通常以动物性饲料为主，如动物的内脏、螺蚌、鱼虾、蚯蚓、蝇蛆、蚕蛹等，也可辅以植物性饲料（如黄豆、玉米、豆饼、糠、麸、各种瓜菜等），还可以采用配合饲料。投喂量根据季节调整；春季日投饲量不超过全池鳖重的 5%，每天上午 9：00左右投一次；5 月至 9 月底，每天上下午各投一次，日投喂量为鳖重的 20%，如果夏季水温超过 34℃，则只在上午投 1 次即可。10 月逐渐减少投喂量。饲料投在面积约 1 平方米的食台，每 50 ~ 100 平方米可设 1 个食台。

（4）水质调节　幼鳖和成鳖池应保持水质较肥，水色呈现油绿色，透明度 30 厘米左右，每隔 10 ~ 15 天施生石灰（10 ~ 15 毫克/千克）。如果水质过肥应及时加入新水，成鳖池水深控制在1米左右为宜，并视季节适当增减。高温季节，除加深水外，还应在池上搭棚种瓜或在池边种树，冬季也要适当加深水位，有利于鳖安全越冬。

管理人员应坚持早晚巡塘，观察水温、水质及鳖的摄食、活动情况。幼鳖可以在露天池中自然越冬，但在越冬期水位应保持在1.5米以上。有条件的则最好将幼鳖移入室内越冬。达到商品规格的鳖可及时起捕上市。

3. 鱼鳖混养

鳖在呼吸和摄食时不停地在水体上下往返运动，促进了上下层水体的交换，可防止深层水缺氧，并有助于池底有机质的分解，有利于浮游生物的繁殖，净化了水质。另外，鳖不会伤害健康的鱼种或成鱼，只是吃掉那些因病而游动迟缓的病鱼或死鱼，起到了防止病原体传播和减少鱼病发生的作用。生产实践证明，如果鱼鳖混养管理措施合理，则每亩可产鲜鱼400~500千克，产鳖150千克左右。

一般在4月中下旬至5月上旬，每亩养150~200克的鳖种600只左右，养到年底可养成450克左右的商品规格。混养的鱼类以鲢、鳙为主，其中鲢占50%~60%，鳙占10%~15%，适当搭配20%的草食性鱼类（草鱼、鳊）和5%~10%的杂食性鱼类（鲤鱼、鲫鱼）。混养的鲢、鳙种长15厘米，草鱼、鳊、鲤种长12~15厘米，鲫种长6.5厘米。经过1年养殖，鲢可达650克左右，鳙达到700~800克，草鱼达到1 000克左右。

4. 加温养鳖

这是利用温泉水或太阳能、工厂的温排水来提高池水温度，使鳖一年四季摄食，加速鳖生长发育的一种养鳖新技术。鳖的加温养殖主要在稚、幼鳖阶段，不仅可以大大提高越冬成活率，而且鳖种经过加温能在翌年5月长至150~200克，再经过4~5个月饲养，一般可达到500克以上的商品规格。这种方法将常温养殖需要4~5年的饲养周期缩短到12~15个月，可以产生较高的综合效益。

稚、幼鳖的放养密度应根据技术水平和环境条件灵活掌握，如稚鳖规格为 5 克，放养密度为每平方米 100 只；10 ~ 25 克，每平方米 70 ~ 80 只。一般从 9 月下旬开始转入加温养殖，直到翌年 5 月中旬水温稳定在 25℃以上才结束。饲养期间关键是要注意调节温度和水质，尽量保持水温 30℃左右，气温 33 ~ 35℃，换水时不能使温差太大，避免池水温度忽高忽低，影响鳖的正常生长。视稚、幼鳖的个体生长情况及差异，定期分养，使单位面积水体始终保持合理的负载量。当室外鳖池水温稳定在 25℃以上时，将加温池的鳖按大小分选后转移至室外进行常温养殖，按每平方米放养 150 ~ 200 克的鳖 6 ~ 8 只，直养到 10 月底个体达 500 克以上的商品规格。

除上述加温养殖方法外，还可以采取塑料棚采光增温养殖，即通过加温方式养成 150 ~ 200 克的幼鳖，再转入盖有塑料棚的成鳖池，使稚鳖从孵出到养成，始终处于生长的适温范围内，从而达到快速养殖的目的。

第十章　鱼病防治技术

鱼生了病，轻者影响鱼类的生长，严重者常引起大批死亡，给养殖生产带来很大的损失，极大地挫伤了渔农的养鱼积极性。因此，积极贯彻“预防为主，防治结合”的方针，做到“无病早防，有病早治”，控制鱼病的发生和流行，对促进养鱼生产发展有重要意义。

一、引起鱼类发病的原因

鱼类之所以会生病，是因为当鱼体的抵抗力减弱，病毒、细菌、寄生虫等侵入到鱼体内达到一定数量时，就会使鱼生病。引起鱼类生病的原因是多方面的，主要的原因有以下几个方面：

1. 池塘清整消毒不彻底

池塘是鱼类生活、生长的重要场所，如果池中杂物多，池边杂草丛生，会给寄生虫的繁殖、生长和躲藏创造有利条件；池底污泥过多，在温度较高适合病原体生长的情况下，细菌、寄生虫会大量繁殖，体质瘦弱或受伤的鱼，在这些池塘中生活就很容易感染疾病，甚至会造成暴发性传染流行病（图 10－1）。

2. 投喂饵料的方法不当

投喂饵料没有固定的地点和时间；不注意饵料的质量，经常投喂腐烂变质的饵料；不是根据鱼吃食需要投喂饵料，而是时多时少，甚至不投，使鱼饥一顿、饱一顿，时间一久，就会使鱼得肠炎病。

3. 放养密度过大，搭配比例不当

放养过密，容易造成缺氧和饵料利用率降低，从而引起鱼的

图 10－1　池塘底质状况

生长快慢不匀，大小悬殊，体质瘦弱，鱼就容易得病。

4. 池塘环境条件发生改变（图 10－2）

（1）水温　各种鱼类在不同的发育阶段，对水温有不同的要求。如果水温发生急剧变化，鱼体不能适应温度的突变，就会患感冒、气泡病，甚至大批死亡。

（2）水中含氧量　水中含氧量的多少，对鱼的生长有直接的影响。夏天水温高，施肥不当，使水质恶化会造成池水缺氧，致使鱼浮头窒息死亡。

（3）污染　鱼池内流进了工业污水或含农药的水等，都会导致鱼类中毒甚至大批死亡。

（4）操作不慎，鱼体受伤　不论鱼苗、鱼种还是成鱼，在饲养管理、捕捞和运输过程中，如果不按规定的技术要求操作，往往会擦掉鱼体上的鳞片，损伤其皮肤、肌肉，为细菌、寄生虫等提供了可乘之隙，易使鱼体感染水霉病、打印病等疾病。

图 10－2　鱼池周围环境状况

二、鱼病防治中常用药物及给药方法

1. 外用药

这类药物除个别外，一般都禁止内服。常见的外用药物有：漂白粉、强氯精、二氧化氯、食盐、碘、硫酸铜、硫酸亚铁、高锰酸钾、福尔马林、敌百虫、生石灰等。

2. 内服药物

这类药物主要以内服给药方法为主，也可以外用。常见的内服药物有：抗生素类（青霉素、链霉素、庆大霉索、四环素、土霉素、金霉素）、喹诺酮类（萘啶酸、吡哌酸、诺氟沙星、氧氟沙星、妥氟沙星、司帕沙星）、磺胺类（磺胺嘧啶、磺胺甲基嘧啶、磺胺胍）。

3. 注射用药物

即各种注射用的抗生素。

4. 给药方法

鱼病防治中给药的方法很多，大致可分为：

（1）体外用药（图 10－3）　即药物不经过体内，只在体外直接把水体中和寄生于体表的病原体杀灭。它与病鱼的食欲无关，无论病情轻重都可给药，并发挥药效。体外用药方法有全池遍撒法、浸洗法、涂抹法、浸沤法、挂袋法。

图 10－3　将鱼种集中在网箱中泼洒药物

（2）体内用药（图 10－4）　即药物通过体内吸收作用进入循环系统达全身而发挥疗效，主要作用于鱼体内的病原体。方法有口服法、注射法。

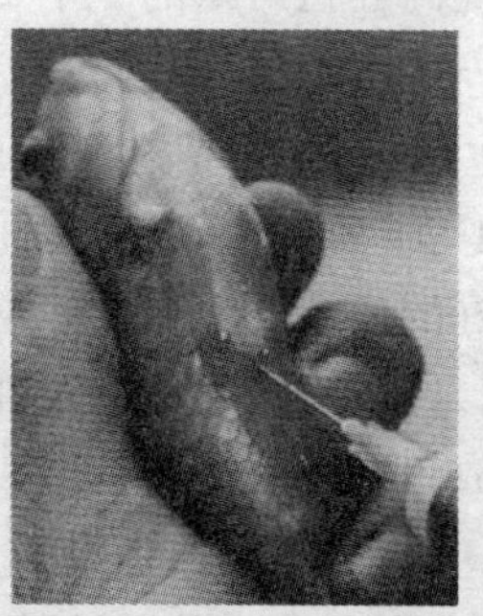

图 10－4　腹腔注射的部位

体外用药的剂量一般按水的体积计算，体内用药的剂量按鱼体重计算。

三、鱼病的预防

鱼类生活在水中，一旦生了病，有时不易发觉，等到发现了个别死鱼，已不是个别鱼患病，而是病情已发展到一定程度了。鱼病不同于陆生动物疾病，主要是诊断困难。鱼生病后，基本上无食欲，即使是特效药也无法进入体内。对于大水面，如湖泊、水库、港汊等，需大量用药，成本高，而且浓度不易稳定。有些病并非药物能奏效。这些都说明，早期的预防在鱼类养殖生产中是非常重要的。

鱼病的发生、流行绝不是孤立的现象，而是鱼类、病原体、环境三者之间相互作用的结果。因此，鱼病的预防必须从多方面考虑，既要控制和消灭病虫害，又要加强鱼体的抗病能力，还要改善鱼类的生活环境。

1. 彻底清塘消毒

池塘条件的好坏，直接影响到鱼类的生长和成活。改善池塘条件，是预防鱼病和提高养鱼产量的一个重要环节。通过对池塘的清整消毒，可以杀灭和清除池中的各种病原体（如细菌、病毒、寄生虫等）、寄生虫的中间寄主（螺、蚌等）及各种敌害（如野杂鱼、水生昆虫等）有害生物，从而减少鱼类病虫害的发生，使鱼类有一个良好的生活环境。具体方法有：在冬季将池水排干，挖除过多污泥，经阳光暴晒冰冻，并除去池边杂草，加固堤埂，减少渗漏。在放鱼前进行药物清塘。

（1）生石灰清塘　生石灰，是指没有遇水的块状石灰。生石灰遇水后产生强碱（pH 为 11 以上）能杀灭池中病虫害；还能中和池底污泥的酸性，使水体保持正常的酸碱度，让鱼类能很好地生活。生石灰还能改变土壤胶体的物理性质，使重黏土的黏性减低而增进水分和空气的渗透，改变水质。生石灰含有的钙质是水生生物不可缺少的营养盐类。

（2）漂白粉（图 10－5）　清塘选用含氯量为 30% 左右的漂白粉。漂白粉通过水分解放出次氯酸，有强烈的杀菌作用。

方法：漂白粉用量按每亩深 1 米的水用 13～15 千克。先将漂白粉溶于木桶中，立即全池遍撒，3～5 天可以放鱼。

图 10－5　漂白粉全池泼洒（需戴口罩手套）

（3）茶饼清塘　茶饼是油茶植物的果实榨油后的渣子，形如菜饼，含有皂角苷，为一种溶血毒素。

方法：每亩平均水深 1 米用量为 40～50 千克。使用前先将其粉碎，浸泡 12～24 小时后，加水稀释，连渣全池均匀泼洒，7～10 天可以放鱼。

无论用哪种药物清塘，放鱼前一定要先放几条鱼试一试（称试水），一般观察 10～24 小时，如鱼体安全证明毒性确实消失后，再大量放鱼。

2. 加强饲养管理

鱼病发生与否和平时的饲养管理好坏有很大的关系。管理工作科学，仔细全面，鱼病就能得到较好的控制，反之鱼病发生的机会就多。所以，加强饲养管理工作是减少鱼病发生的一项重要措施。主要的内容如下。

（1）合理放养　合理的混养和密养是提高单位面积产量的措施之一，对鱼病的预防也有积极意义。在合理混养条件下，对各种鱼来说，密度相对较稀，就减少了传染性疾病的接触机会，疾病的发生就减小了，所以应提倡混养。放养密度过大，鱼类生存空间就小，环境容易恶化，造成鱼类生长缓慢，体质消瘦，抗病力低，容易感染各种疾病。密度过大还可使池水氧气供应不足而引起“泛池”。至于怎样的密养和混养比例才是合理的，应根据鱼池的水深、水源、水质、饵料供应情况及饲养管理方法来决定。

（2）合理投饵与施肥　提高饵料的质量和改善投饵方法，是增强鱼体对疾病的抵抗力和池鱼丰产的重要措施。必须根据鱼的品种、发育阶段按季节、天气、水温、水质等具体情况合理调节，选用来源广、价格合理、质量好、鱼喜食的饵料，在适当的时间、位置投喂足够量的饵料，这就是通常所说的定质、定量、定时、定位的“四定”投饵法。

施肥是为了增加池水的营养物质，促进浮游生物的生长繁殖，给池鱼提供充足的天然饵料。施肥分基肥和追肥。基肥应根据池塘条件灵活掌握。如池底淤泥较深可少施，新建的池塘可适当多施。施肥量应根据池塘水的肥度、肥料种类，做到看水施肥，看天施肥，少施，勤施。

（3）加强日常管理　日常管理工作是养殖生产中重要的一环，能为鱼类创造一个健康成长的优良环境。日常管理工作的一个重要内容就是巡塘，巡塘的目的是经常注意鱼类在池塘中的动态，以便及时采取措施加以改善。巡塘一般在每天早、中、晚进行。在巡塘过程中，应仔细查看池鱼吃食情况，查看有无浮头现象及水质的变化，查看有无病情敌害。发现问题应及时处理，以免遭受重大损失。

日常管理另一内容是定期加注新水。它是改善水质、增加水中含氧量的重要措施。一般每次加水 10 ~ 15 厘米，不要过多，并随着鱼类的成长和气温升高而逐渐加深池水。特别是当发现严重浮头或浮头先兆时，除了及时加水外，还要打开增氧机增氧。

在平时的管理工作中，还应注意杜绝病原体的传播途经，如水源的管理、污染的防治、池中杂物及杂草的清除、病鱼尸体及时捞出处理等，这些都是鱼病预防不可忽视的环节。只有杜绝了病原体的传播途经，才能保证池鱼不发生鱼病或少发病。

3. 药物预防

鱼类生活在水中，因此对患病的鱼进行诊断和治疗有一定的困难。一方面，患病的鱼大多数丧失了食欲，无法强迫它们食药饵，因而在治疗上达不到理想的效果；另一方面，在发病后再进行治疗，也仅能挽救那些尚未发病或病轻的鱼。严重的病鱼，再好的药也不能奏效。因此，做好早期预防工作在养殖生产中显得特别重要，这是贯彻“防重于治”的工作根本。具体方法有：

（1）鱼体消毒　生产实践证明，即使是最健壮的鱼，也难免带有病原体。当鱼群进入已消过毒的池塘，就会将病原体带进去引发鱼病。因此，鱼体消毒是十分必要的。

浸洗法　将鱼放入能忍受的较高浓度、较小体积的药液里，经适当时间的药浴，可杀灭附着在鱼体上的病原体。浸洗时间常随药物的种类和浓度、水温的高低、鱼体的大小和体质的强弱而定。总的要求是不损伤鱼体为准（图10－6）。

浸洗可在木盆、木船、帆布桶等非金属容器中进行（表10－1）。

表10－1　鱼体药物浸洗表

项目 药名	用量（毫克/千克）	水温（℃）	浸洗时间（分钟）	可杀灭的病原体或可防治的鱼病
漂白粉	10	10～15 15～20	20～30 15～20	大多数体表和鳃上的细菌
聚维酮碘	30	15～20	15～20	防治草鱼病毒性出血病及其他病毒性疾病
甲醛	200（毫升/立方米）	15～20	10～20	杀灭纤毛虫、鞭毛虫等寄生虫
硫酸铜	8	10～15 15～20	20～30 20～30	杀灭大多数寄生于体表的原生动物病原体

（续表）

药名 \ 项目	用量（毫克/千克）	水温（℃）	浸洗时间（分钟）	可杀灭的病原体或可防治的鱼病
敌百虫	5 10	10～15 10～15	20～30 10～20	杀灭单殖吸虫和寄甲壳类
食盐	3%～4%	10～20	5左右	杀灭水霉和一般原生动物
高锰酸钾	20 20 20	10～20 20～25 15～20	20～30 15～20 90～120	杀灭单殖吸虫和部分原生动物、锚头蚤

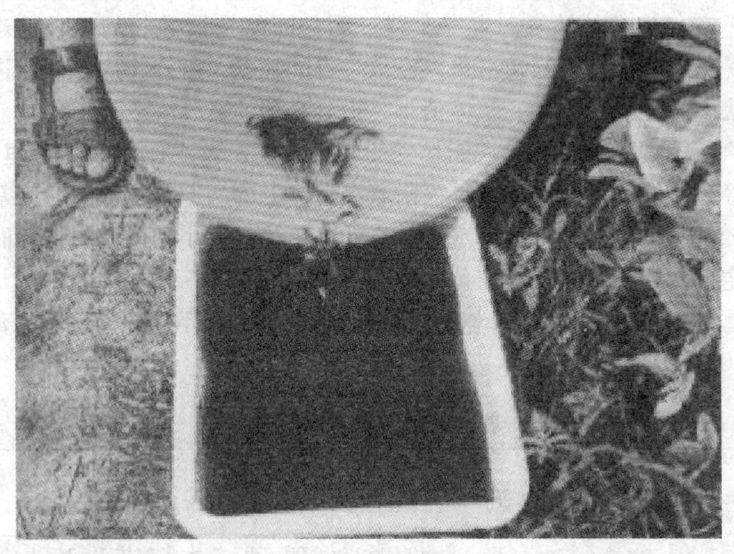

图10－6　鱼种分级时进行的药浴

全池遍撒法（图10－7）　此法系直接往鱼池里均匀泼洒药物，使鱼在有效的低浓度的药液中长时间浸泡，既能杀灭鱼体表和水体中的病原体，对鱼又不会造成损害，而且还能起到有病治病、无病防病的双重作用（表10－2）。

表 10－2　药物全池泼洒表

项目 药名	用量（毫克/千克）	可防治鱼病
漂白粉	1～2.0	细菌性鱼病
二氯异氰尿酸钠（优氯净）	0.3～0.5	各类细菌性鱼病
三氯异氰尿酸钠（优氯净）	0.1～0.5	各类细菌性鱼病
甲醛	100	纤毛虫、鞭毛虫等原生动物病原体
硫酸铜	0.7	大多原生动物病原体
硫酸铜与硫酸亚铁合剂（5∶2）	0.7	大多原生动物病原体
敌百虫	0.3～0.5	单殖吸虫、寄生甲壳类病
二氧化氯	0.1～0.3	微生物病原体

图 10－7　全池泼洒漂白粉

（2）工具消毒　鱼网、鱼桶、鱼筛、抄网等养鱼工具，往往成为传播病原体的途径之一。为了防止交叉感染，必须对养鱼工具进行消毒。

（3）及时投喂药饵　在鱼病流行季节到来之前，也就是说，在鱼还未发病、未丧失食欲之前，及时将药物与商品饵料拌和投喂，可起到防治双重作用。

4. 免疫预防

通过注射疫苗，以调动动物体自身防御能力，防止病原体的入侵、繁殖和扩散传播，以维持自身体内环境的稳定，达到动物体健康的过程。

5. 生物预防

生物预防是指在养殖水体和饲料中添加有益的微生物制剂，调节水产养殖动物体内、外的生态结构，改善养殖生态环境和养殖动物胃、肠道内微生物群落的组成，增加机体的抗病能力和促进水产养殖动物的生长。

四、常见鱼病及防治方法

1. 草鱼出血病

【病原体】为一种草鱼呼肠孤病毒。

【症状及病变】病鱼体色暗黑而带微红色。小的鱼种在阳光或灯光透视下，可见皮下充血发红。口腔、眼眶、头顶、下颚、鳃盖、鳍条基部充血，甚至眼球突出。将病鱼皮肤剥除，肌肉显示点状或块状充血，严重时全身肌肉呈鲜红色。严重出血的病鱼可出现“白鳃”或呈斑点状充血，但有些病鱼鳃瓣无明显症状。有的病鱼因出血使全肠或局部肠道呈鲜红色，但肠黏膜层无腐烂，肠壁具有弹性。症状类型大体可分为“红肌肉”型、“红鳍红鳃盖”型和“肠炎”型，这 3 种类型有时同时出现，有时只表现为一种类型（图 10－8）。

【流行情况】此病主要危害草鱼夏花和当年鱼种。6～9 月是此病流行季节，7 月在高密度单养的草鱼池常见，8 月后为稀养的大规格鱼种池。

【防治方法】此病治疗比较困难，故以预防为主。

（1）在发病季节到来之前，注射灭活疫苗进行免疫预防，免疫期可达 14 个月。

图 10－8　1. 草鱼出血病，“红鳍红鳃盖”型；
2. 草鱼出血病，“红肌肉”型

（2）养殖期间，每半月全池泼洒二氯异氰酸钠或三氯异氰尿酸 0.3 毫克/千克或漂白粉 1 毫克/千克。

（3）口服大黄粉，按每亩 100 千克鱼体用 0.5～1.0 千克计算，拌入饲料或制成颗粒饲料投喂，每天 1 次，连服 3～5 天。

2. 细菌性烂鳃病（乌头瘟）

【病原体】为一种柱状屈桡杆菌。

【症状及病变】病鱼鳃丝腐烂，鳃丝末端软骨外露，常附有“污泥”，鳃盖骨的内表皮充血、发炎腐烂，中间往往被腐蚀成一个圆形或不规则的透明小窗，俗称“开天窗”。病鱼离群独游，体色发黑，尤以头部最甚，有“乌头瘟”之称（图 10－9）。

【流行情况】此病主要为害草鱼和青鱼，是当前我国草鱼、

图 10－9　草鱼细菌性烂鳃病

青鱼常见多发、危害性最严重的疾病之一，从鱼种到成鱼均可感染。水温 20℃以上开始流行，28～35℃为最流行，每年 4～10 月为流行期，而以 7～9 月为最流行季节。常与肠炎、赤皮、出血病并发。

【防治方法】

（1）鱼池用生石灰彻底清塘消毒。

（2）发病季节可用 1 毫克/千克漂白粉或 0.2～0.3 毫克/千克强氯精全池遍撒。

（3）发病季节，每半个月泼洒 1 次 15～20 毫克/千克的生石灰，使池水 pH 保持在 8 左右。

（4）大黄氨水提取液：1 千克大黄加 20 千克 0.3% 氨水浸泡 12～24 小时后遍撒，浓度为 2.5～3.7 毫克/千克。

（5）在外用药的同时口服复方新诺明（磺胺甲基异噁唑），每千克鱼每天 10～20 毫克，或氟哌酸（诺氟沙星）20～50 毫克，制成药饵，连服 3～5 天。

3. 细菌性肠炎病（烂肠瘟）

【病原体】为肠型点状产气单胞菌。

【症状及病变】病鱼腹部膨大，两侧常有红斑，“蛀鳍”。肛门红肿外突，呈紫红色，轻压腹部有黄色黏液流出。剖开鱼腹可见腹腔积水，肠壁充血发炎，呈红色或紫红色，后肠尤甚。肠内充满黄色脓液，俗称“烂肠瘟”。肝脏常呈红色斑点状淤血（图10－10）。

图10－10　草鱼细菌性肠炎病

【流行情况】此病是我国草鱼、青鱼中危害性最严重的疾病之一。以1龄草鱼最严重。流行季节为4～9月，常表现为两个流行高峰：1龄以上草鱼发病多在4～6月，渔农称为“大麦黄”；当年草鱼种多在7～9月，渔农称为“白露心”。发病后死亡率极高。

【防治方法】

（1）彻底清塘消毒，严格实行“四消”“四定”法。

（2）春季草鱼开口摄食时，全池用生石灰20～30毫克/千克化水遍撒，并结合大蒜药饵内服3天。

4. 白头白嘴病

【病原体】为鱼害黏球菌的一种。

【症状及病变】病鱼自吻端至眼球的一段皮肤溃烂，额部和嘴周围色素消失，呈乳白色。因大量细菌的寄生，使这些部位呈灰白色的毛茸状，呈现白头白嘴。当在岸边观察时，病鱼在水面缓慢游动，并不停地“浮头”，有时呈45°角将头部露出水面，呆停不动，往往呈暴发性死亡。

【流行情况】此病是夏花阶段最常见的暴发性鱼病。下塘20天左右的鱼苗即可发病。发病快，病程短，死亡率高。主要危害淡水养殖鱼类，尤以对夏花（2.5～3厘米）草鱼危害大。流行于5月下旬至7月上旬，6月是发病高峰期。

【防治方法】

（1）鱼池用生石灰清塘，保持水质的清洁。

（2）合理密养，鱼苗长至2～2.5厘米时及时分塘。

（3）用1毫克/千克漂白粉全池遍撒。

（4）大黄氨水浸出液遍撒（用法同细菌性烂鳃病）。

5. 白皮病（白尾病）

【病原体】主要为一种柱状屈桡杆菌。

【症状及病变】发病初期病鱼背鳍下方至尾柄处出现白点，并蔓延扩大，以至背鳍与臀鳍间的体表呈白色，俗称“白皮花腰”。严重的尾鳍基部皮肤腐烂，尾鳍残缺甚至烂掉，俗称“烂尾病”。病鱼继而头部朝下，尾部向上与水面垂直，不久就死亡（图10－11）。

【流行情况】此病主要发生在鲢、鳙的夏花鱼种阶段。发病2～3天就死亡，死亡率很高。此病是因鱼体受伤、水质不清洁所致。

【防治方法】

（1）保持水质清洁，操作时勿使鱼体受伤。

（2）养前用12.5毫克/千克金霉素或25毫克/千克土霉素，或2%～3%食盐水浸洗鱼体20～30分钟。

6. 细菌性败血症（细菌性出血病）

【病原体】目前初步分离到的有鲁克耶尔森氏菌、嗜水气单

图 10－11　草鱼白尾病

胞菌、苏伯利气单胞菌、点状产气单胞菌、弧菌等。

通常水温在 20℃以下（3～4 月）多为鲁克氏耶尔森氏菌，而水温 20～30℃（5 月以后）为气单胞菌、弧菌等。

【症状】 患病早期，病鱼的口腔、颌部、鳃盖、眼眶、鳍条基部及鱼体两侧呈轻度充血。随着病情发展，上述症状加剧，各部位充血严重，肌肉充血而呈红色，眼球突出，腹部膨大、红肿。

腹腔内有淡黄色或红色积水，肝、脾、肾肿大，肠壁充血，充气且无食。鳃丝灰白色，有时呈紫红色且肿胀，重者鳃丝末端腐烂。

以上症状有时同一种鱼不同时期症状不完全相同，但各器官及组织的充血是主要特征（图 10－12）。

【流行情况】 此病在 20 世纪 80 年代中期有流行，但至 80 年

图 10－12　患病鲢鱼鳃盖、眼、鳍充血

代后期至 90 年代初（1989 年、1990 年、1991 年）发展到暴发性流行（鱼类暴发性流行性疾病），成为我国近几年来淡水鱼类中最严重的疾病之一。

此病流行的特点：不论是流行地区、发病水面的大小、发病鱼的种类、规格还是流行时间之长，均为我国历史上所罕见。

【防治方法】

预防：

（1）冬季干塘时，彻底清除过多淤泥，并用生石灰彻底消毒。

（2）鱼类放养前用 10 毫克/千克漂白粉浸泡鱼体 10～20 分钟。

（3）流行季节前，每半月用生石灰 15～20 毫克/千克化水遍撒或用氯制剂药物遍撒，同时按每千克鱼用 10～25 毫克氟哌酸拌饲内服，1天1次，连服3天。

治疗：

内外结合：生石灰25～30毫克/千克，或漂白粉1～1.2毫克/千克或强氯精0.3毫克/千克，或二氧化氯0.2毫克/千克遍撒。内服：氟哌酸每千克鱼20～50毫克或鱼服康A型每千克1.2～2克，拌饵，每天1次，3天为1个疗程，重者隔3天再用1疗程。

注意：发病时，禁止拉网、冲水，避免发生应激性反应。

7. 水霉病（肤霉病、白毛病）

【病原体】种类较多，常见的有水霉、绵霉、细囊霉、丝囊霉等霉菌。

【症状及病变】水霉病的发生是因鱼体受伤，使霉菌的孢子从伤口侵入而引起。发病初期，肉眼看不出症状，当肉眼能看到时，可见体表附有灰白色的“毛状”物，鱼体上像沾着一小块旧棉絮，俗称“长毛”。鱼体受到刺激后急躁不安，行动失常。病鱼患处皮肤腐烂，病鱼负担过重，致使鱼体失去平衡，身体极度消瘦而死亡（图10－13）。

【流行情况】此病为鱼卵和苗、种阶段的重要疾病之一。终年可见，但以晚冬、早春最为流行。通常因操作不慎和密养的越冬池最易发病，4月以后搬运鱼苗易患此病。

【防治方法】

（1）在操作过程中易使鱼体受伤。

（2）用3%的食盐水浸洗10～15分钟。

（3）小苏打、食盐合剂各按400毫克/千克浓度配合浸洗病鱼2～4天。

8. 小瓜虫病（白点病）

【病原体】一种多子小瓜虫。

【症状及病变】小瓜虫侵入鱼鳃或皮肤及鳍条等表皮组织后，在其组织上来回钻动，剥取组织细胞为营养，引起组织增

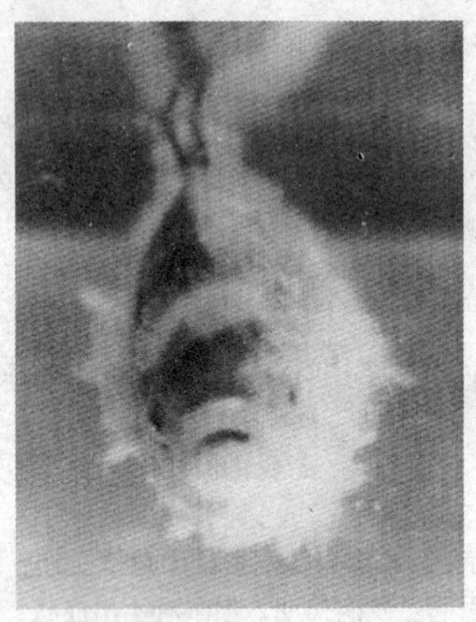

图 10－13　全身长满水霉的病鲫

生，并形成白色脓泡，在鳃瓣上可产生黏液。严重感染时，皮肤、鳍条和鳃上有许多小白点，因而又称“白点病”。病鱼常在水面群集转圈，成团游泳，惊散后又聚集圈游，不吃食，不怕人。重者常呈“浮头”现象，无力地四散缓游，鱼体不断地与水中物体摩擦或跳出水面，不久即成批死亡（图 10－14）。

【防治方法】

（1）鱼种放养前用 125～200 毫升/立方米福尔马林浸洗鱼体 15～20 分钟。

（2）按每亩 1 米深水体用干椒 250 克和生姜 80 克煮汁，全池遍撒。

（3）内服克虫威：每千克饲料加入 2.5 千克，每日两次，连服 3～5 天。

9. 车轮虫病

【病原体】一种车轮虫。

【症状及病变】虫体多寄生于体表和鳃上，特别喜欢聚集在

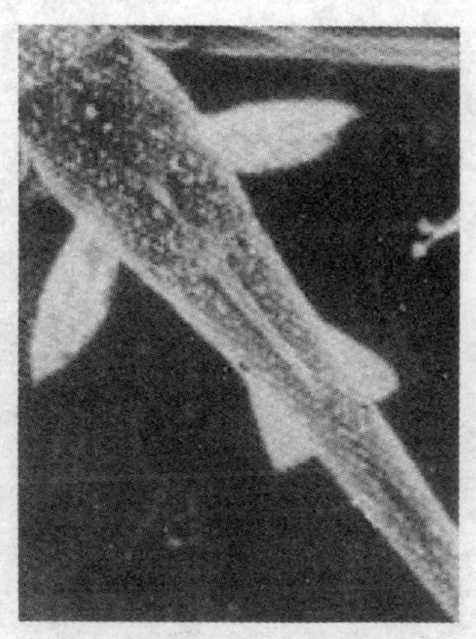

图 10－14　鱼苗体表、鳍条上大量小瓜虫寄生的情况

鳍条和头部，剥取鱼的组织细胞作营养，使皮肤遭到破坏。病鱼头部和嘴周围呈微白色，黏液增多，体表好像罩有一层白翳。病鱼食欲减退，鱼体瘦弱，体色发黑，行动迟缓，呼吸困难，病鱼成群沿池边狂游，呈“跑马状”，如不及时治疗，不久就会死亡(图 10－15)。

【流行情况】此病是鱼苗、鱼种阶段最常见危害性较大的疾病之一，特别是对夏花鱼苗危害最大。在长江流域流行于 5～8 月。此病在面积较小、水浅、放养密度过大、饵料缺乏、水质较差的池塘最易发生。

【防治方法】

（1）彻底清塘消毒，合理放养，不施未经发酵的粪肥。

（2）用 0.7 毫克/千克硫酸铜或硫酸铜与硫酸亚铁合剂(5：2)0.7 毫克/千克遍撒。

（3）鱼苗、鱼种下塘或转塘前用 1%～2% 食盐溶液浸洗鱼体。

10. 指环虫病

【病原体】一种指环虫，种类较多。

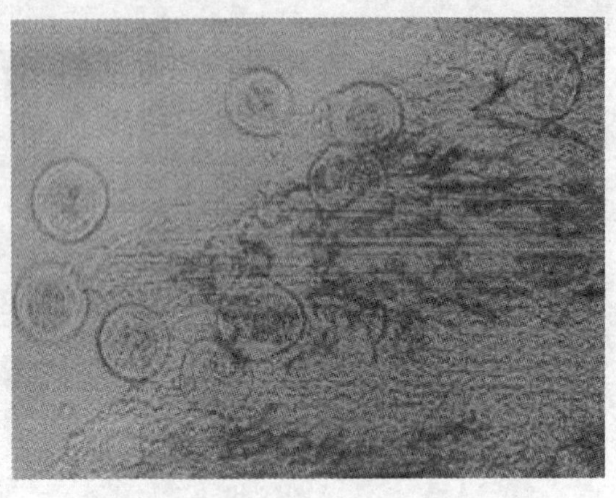

图 10－15　病鱼尾鳍上车轮虫寄生的情况

【症状及病变】指环虫用体后大钩和小钩钩住鱼的鳃组织，并不断运动，破坏鳃丝的表皮细胞，刺激鳃丝分泌过多的黏液，妨碍鱼的呼吸。病鱼鳃部显著浮肿，鳃盖张开，鳃丝呈暗灰色。体色发黑，离群独游，不摄食，逐渐瘦弱而死。

【流行情况】指环虫分布很广，属一种全国性的常见疾病。各种淡水鱼均可感染，对鱼苗和鱼种危害较大，大量寄生时可引起鱼苗、鱼种死亡。流行于夏、秋两季。

【防治方法】

（1）鱼种放养前用5%食盐溶液浸洗鱼体5分钟或用20毫克/千克的高锰酸钾浸洗鱼体15～30分钟。

（2）90%晶体敌百虫0.2～0.3毫克/千克泼洒，7天后重复一次。

11. 双穴吸虫病（复口吸虫病、白内障病）

【病原体】湖北双穴吸虫、倪氏双穴吸虫的尾蚴和囊蚴。

【症状及病变】在鱼苗阶段，尾蚴大量钻入鱼体内，可使病鱼在水中上下往返不安游泳或头部向下、尾部向上挣扎打转。病鱼表现头部充血，脑室、眼眶周围鲜红，或有明显鱼体变形，尾部上翘，继而引起大批死亡。如果尾蚴是断断续续的感染，鱼苗不致死亡。尾蚴到达鱼眼的水晶体内发育成囊蚴，使水晶体混浊，呈乳白色，故又称“白内障病”。严重时可使鱼眼球脱落而变瞎（图 10 – 16）。

图 10 – 16　患双穴吸虫病的团头鲂（下），示眼睛充血，水晶体发白及健康团头鲂（上）

【流行情况】此病在我国流行较广，以长江中下游靠近湖滨地区的养殖场尤其严重。多种淡水鱼都可感染，但主要为害鲢、鳙、草鱼等鱼苗、鱼种。5 ~ 7 月为感染盛期，常可引起鱼种大批死亡，8 月以后为该病的“白内障”时期。

【防治方法】

此病目前药物治疗困难，现在多采用切断病原体生活史的某一环节，来预防该病发生。

（1）彻底清塘，杀灭池中椎实螺。

（2）在鱼苗饲养期，用 0.7 毫克/千克硫酸铜药液遍撒，24 小时后用同量重复一次，杀灭螺类。

（3）水草诱捕螺类，先将池中及池边杂草清除干净，再将水草扎成把，置于池塘下风处，每天早晨取出，清除椎实螺，连续数天，可将池中大部分螺类清除。

12. 中华蚤病（鳃蛆病）

【病原体】 寄生于草鱼鳃上的大中华蚤和寄生于鲢鳃上的鲢中华蚤。

【症状及病变】 检查病鱼鳃部，肉眼可见在鳃边缘有许多像小蛆的白色虫体，所以又称“鳃蛆病”。病鱼鳃丝末端肿胀发白或弯曲变形，影响鱼的呼吸。病鱼整天在水面不安地游动，鲢在游动时，尾部的上叶往往露了水面，俗称“翘尾巴病”。虫体用大钩钩住鳃组织，造成伤口，为微生物入侵打开了方便之门，引起鳃丝腐烂，使鱼死亡（图 10－17）。

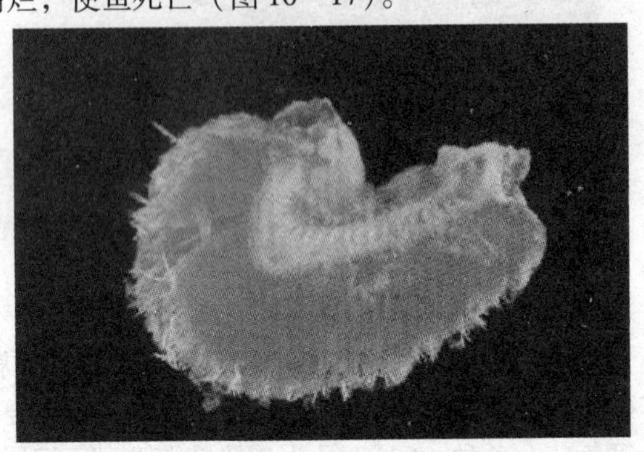

图 10－17 患中华蚤的草鱼鳃丝末端有很多中华蚤寄生

【流行情况】 中华蚤为一类广泛分布的寄生虫，全国各地都有分布。在长江流域每年 4～11 月为繁殖流行期。

【防治方法】

（1）鱼种放养前，用硫酸铜与硫酸亚铁合剂（5∶2）8 毫克/千克浸洗鱼体 30 分钟。

（2）硫酸铜与硫酸亚铁合剂（5∶2）0.7 毫克/千克全池遍撒。

（3）用90%晶体敌百虫与硫酸亚铁合剂（5∶2）0.7毫克/千克全池遍撒，隔10～15天重复1次。

（4）灭虫灵0.3～0.5毫克/千克全池遍撒。

13. 锚头蚤病（铁锚虫病、针虫病）

【病原体】锚头蚤。种类较多。

【症状及病变】由于虫体寄生，寄主组织红肿发炎，故病鱼体表有许多红色斑点，红点上寄生有“针状”的虫体，同时虫体本身又附着许多藻类、累枝虫等生物，使虫体呈绿色或黄绿色棉絮状。当病情严重时，虫体布满病鱼全身，像披上蓑衣一样，故有“蓑衣病”之称。病鱼急躁不安，食欲减退，鱼体消瘦，行动迟缓。虫体对幼鱼危害最大，一尾体长6～10厘米的幼鱼，有3～5个虫寄生，就能引起死亡（图10－18）。

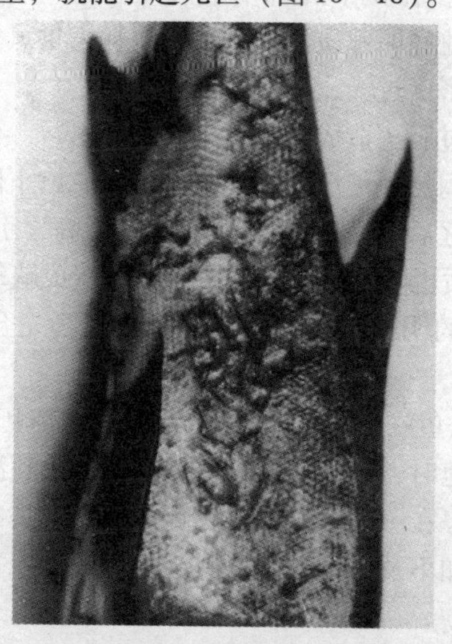

图10－18　患病鲢鱼体表寄生大量锚头蚤

【流行情况】此病流行极广，为重要的常见多发病之一。长江流域一带每年4～10月为其繁殖和流行期，但以秋季为最严重。从鱼种到成鱼都可寄生。

【防治方法】

（1）生石灰彻底清塘，杀灭幼虫和带虫的野杂鱼。

（2）鱼种放养前，用10～20毫克/千克高锰酸钾溶液浸洗鱼体10～30分钟。

（3）用90%晶体敌百虫0.3～0.5毫克/千克全池遍撒，每周1次，连用2～3次。

（4）每0.75亩水面，水深1米，用松树叶8～12千克捣汁，全池泼洒，3天后虫体脱落。

14. 泛池（又称窒息）

【病因】因水中缺氧而引起。

造成池水缺氧的原因通常有：

（1）由于池底腐殖质沉积太多，消耗大量氧气。

（2）放养密度过大，造成环境恶化。

（3）水质过肥，造成耗氧量很高。

（4）天气闷热，气压低，使池中溶氧急剧下降。

（5）雷雨之后，由于池底水温比表层高，引起水的上下对流，池底腐殖质也随之翻起，加速分解而造成缺氧。

（6）长期的阴雨天，或连续大雾天气，光合作用差，造成池水溶氧下降。

【症状】池鱼在缺氧时，常表现不安，浮上水面呼吸空气，称浮头。当泛池时，池鱼全部浮头，先在池中狂游乱窜，随之散乱全池，继而停在一处不动，然后鱼体横卧，头冲撞池边，呈奄奄一息之状，如不及时抢救，可引起池鱼大批死亡，甚至全池死光（图10－19）。

【发生时间】泛池一般发生在4～9月，多为天空阴云密布。成鱼精养池5～8月最易发生。

【防治方法】

（1）冬季干塘时，挖除过多的淤泥，以免水质恶化。

图 10－19　泛池死鱼现象

（2）控制放养密度，合理施肥。

（3）夏秋季节，应定时或适时加注新水，或适时开动增氧机增氧。

（4）发生严重浮头时，应及时加注新水。

第十一章　水产动物的捕捞技术

水产动物捕捞是一件辛苦而又兴奋的工作，也是养殖场经常性的工作之一，捕捞操作大多需多人配合，技术要求较高，动作要熟练，配合要默契。下面主要介绍各种常用的网具，学习主要网具的操作技能、联合渔法操作技术和亲鱼的捕捞技术。

一、各种常用的网具

1. 笼具

以特制笼具诱捕头足类、鱼类和虾蟹等的工具。根据不同对象的习性，笼具结构和形状也有所不同。捕捞对象主要有乌贼、章鱼、龙虾、螯虾、蟹和鲚等。按捕捞对象不同分为乌贼笼、章鱼笼、虾笼、蟹笼、鳗龟笼、黄鳝笼等（图 11－1）。

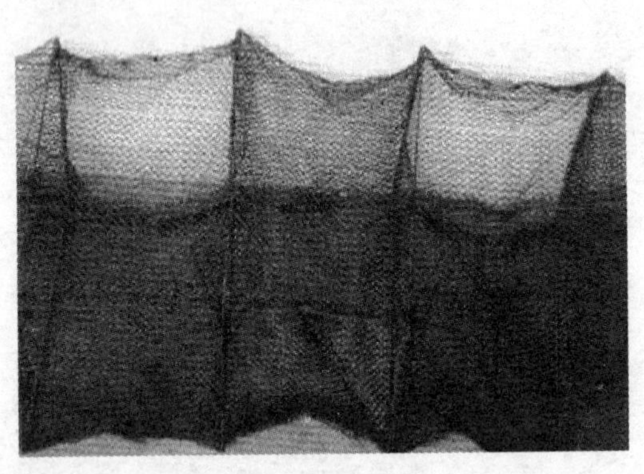

图 11－1　笼具

2. 手撒网

手撒网是一般人比较熟悉也是养殖户应用较多的渔具，它是一个人既可操作的简单渔具，可用于休闲，也可用于专业捕捞（图 11－2）。

图 11－2　手撒网

3. 扳罾

网具敷设在水中，待鱼类游到网具上方，及时提升网具，再用抄网捞取渔获物。捕捞对象有鲤、鲫、草鱼、鲢和多种小型鱼、虾（图 11－3）。还有利用鱼类的趋光习性，在夜间用灯光将鱼诱集到光源周围，待鱼类入网后取网。这种方式现已经广泛应用于水库捕捞（图 11－4）。

4. 刺网

刺网是由若干长方形网片连接成的一列长带形的网具，有单层刺网与三层刺网两种。捕鱼时，将长方形的刺网横亘河道或湖荡中，能使鱼在受惊逃窜时刺入网目，或者缠络于网上而被捕获（图 11－5，图 11－6）。

图 11－3　虾罾

图 11－4　灯光诱捕扳罾（示扳罾网四角四条起吊船）

图 11－5　单层刺网

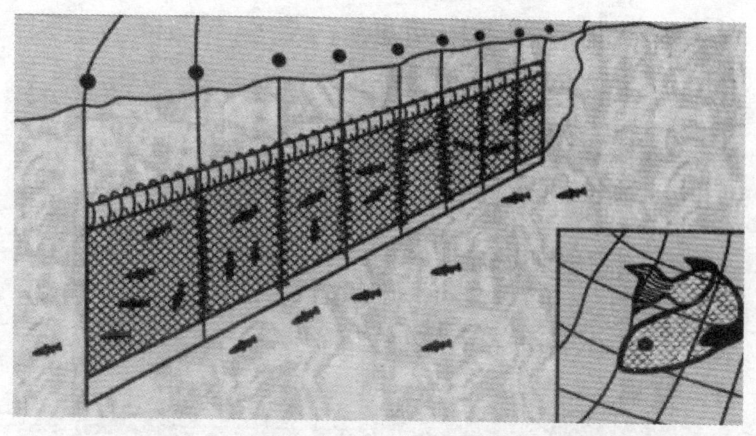

图 11－6　刺网工作原理

5. 拖网

拖网渔具是一种流动性、过滤性渔具，迫使在网口作用范围内的鱼、虾等进入网内而达到捕捞的目的（图 11－7）。

图 11－7　拖网（左浮拖网，右底拖网）

6. 定置网

定置渔具包括张网类渔具和箔筌类渔具两大类。是被动性的过滤性渔具（图 11－8）。

7. 围网

围网是一长带形网具，围网的捕捞对象为鲢、鳙、银鱼、刀鲚等中上层鱼类（图 11－9）。

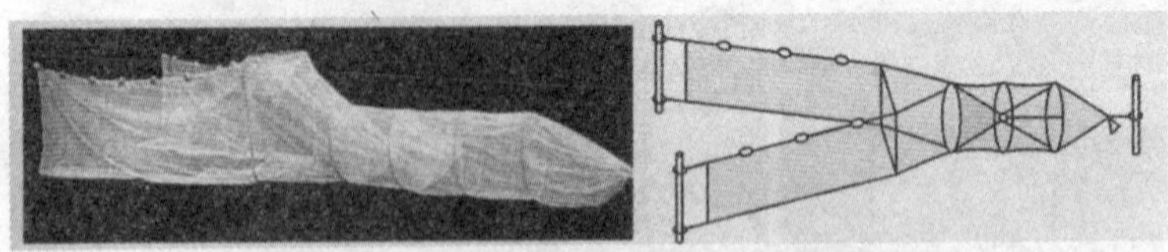

图 11－8　定置张网（左实物图，右示意图）

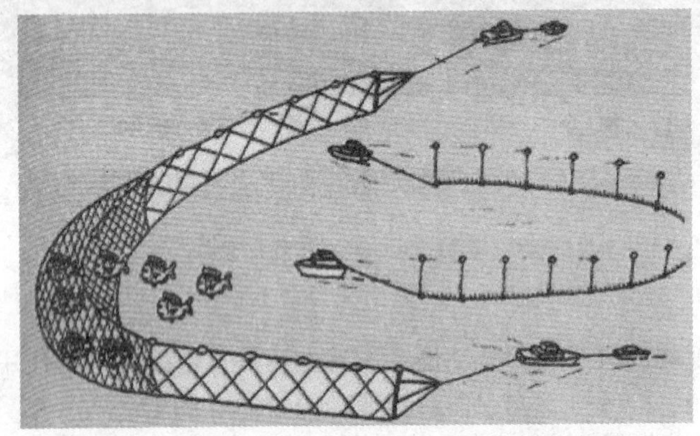

图 11－9　围网

8. 挑网

农村常见捕捞工具，多用于捕捞小型鱼类（图 11－10）。

图 11－10　挑网

注意：网具大多为化学纤维制作，所以应避免日晒，以延长使用寿命。

二、主要网具的操作技巧

1. 手撒网

手撒网通常由尼龙丝制作，并由猪血、清漆或桐油浸透而成。手撒网是一般人比较熟悉也是养殖户应用最多的渔具，它是一个人既可操作的简单渔具，可用于休闲，也可用于专业。

手撒网的操作步骤：

（1）套腕　将网纲绳头套于手腕，以防投掷时脱网（图11-11）。

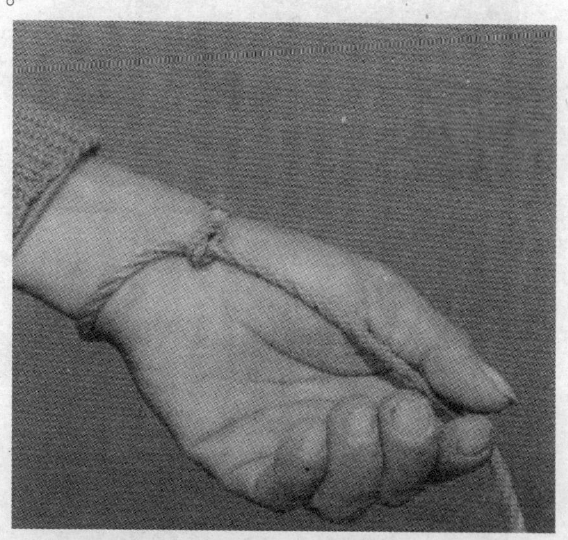

图11-11　套腕

（2）挽纲　将网绳折叠于左手中（图11-12）。

（3）折网　将上部网片折为两折与网绳起握于左掌中（图11-13）。

图 11－12　挽纲

图 11－13　折网

（4）撩网　将下部网片撩起一捋，握于左掌中（图

11－14）。

图 11－14　撩网

（5）分网　用右手从撩起的网片内侧开始按顺序均匀地将网片捋顺，然后左右手各执一半，右手执网位置要约低于左手执网位置 10 厘米（图 11－15）。

图 11－15　分网

（6）投网　将所有网具提起身体向左后方转 45°角，顺风面将网具以腰力及臂力旋转向右前方抛出，抛出时松开手掌内的全部网片（图 11－16）。

图 11－16　投网

（7）收网　等网落入池底 30 秒后慢慢收网，收网时动作要慢，并将网折起（图 11－17）。

图 11－17　收网

（8）晾干　在阴处晾干，不得暴晒和堆积（图 11－18）。

图 11－18　晾干

2. 围网

围网一般使用于大量捕捞（图 11－19）。

图 11－19　大水面捕捞

3. 池塘拉网操作技术

（1）下网　围网下网时需先找出网具一端的浮子纲和沉子纲的引绳交由 1 人从池塘一角入水，缓慢地沿着池塘内壁拉到另一角。

（2）拖网　①围网一般采用 4 人操作，如人手不足时两人也可操作，但大围网需要多人操作。② 4 人操作时两人分别持网一端的浮子纲和沉子纲，将网张至池塘长，这时持沉子纲人将沉子纲套住脚掌踩于脚下，并拉紧沉子纲的延长绳（图 11－20），另一人则将浮子纲套绳套入肩膀。4 人同时往对岸方向走，脚下踏沉子纲者（图 11－21），需注意拉紧沉子纲的延长绳并以拖曳方式将沉子纲拉至对岸。③ 2人操作时，围网浮子纲与沉子纲两端通常各系一竹竿，两人分站网的两端同时手持竹竿往对岸方向拖曳而行。

图 11－20　池边拉网第一步（手持沉子纲延长绳）

（3）收网　①网片拉至对岸后沉子纲需用脚将沉子拉近墙壁后开始收网。②沉子纲踩于脚底，以拉住沉子纲延长绳的手配台踩沉子纲的脚慢慢往前滑，以手将沉子纲拉起并盖于浮子网之上。③收网的动作可由两头同时进（图 11－22）。

（4）起网　①起网动作以手肘拖起，将鱼聚集到网的中间。②收网人分持网的两端，用长柄抄网将鱼捞起（图 11－23）。

图 11－21 池边拉网第二步（脚勾沉子纲绳）

图 11－22 池中拉网（手持浮子纲脚拖沉子纲）

图 11－23 起网（两人同时从两端收缩将鱼集中，岸上人拉浮子纲）

三、联合渔法操作技术

联合渔法是“拦、赶、刺、张联合渔法”或“赶、拦、刺、张联合渔法”的简称，是采用赶鱼设备、拦网、刺网、张网等联合作业的捕捞方式。主要用于地貌复杂的大中型水库，捕捞鲢、鳙为主的中上层鱼类。水库赶、拦、刺、张联合渔法，一般分为制定捕捞计划、起捕和围歼3个作业阶段（图11－24、图11－25、图11－26）。

图11－24　拦网

图11－25　下赶网

图 11－26　下定置张网

四、亲鱼的捕捞操作技术

拉网前应做好一切准备工作，在人力安排上如选鱼、注射、运鱼、产卵池验收亲鱼和记录等工作，也要明确分工，保证亲鱼起网后能迅速完成催产工作，不出死伤差错事故。

1. 拉网（图 11－27）

图 11－27　拉网

拉网时，提网快慢要适中，动作要协调迅速，下水人员不宜过多，一般有 2～3 人捉鱼或选鱼。

2. 捉鱼（图 11－28）

捉鱼时，一手轻托鱼体，一手托头部，顺水送入亲鱼夹。鱼夹略比鱼体宽大些，提送时布夹后端要略为提高，防止鱼从夹子后面滑落，运鱼要轻快，防止亲鱼受伤或窒息致死。

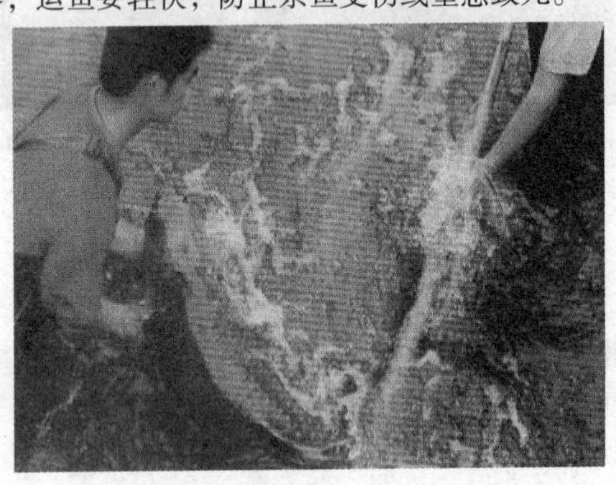

图 11－28　捉鱼

五、水产动物的捉持技术

水产动物有些会咬人，有些具有硬棘会刺伤人，更有些会将毒物注入人体引起人体中毒，因此，必须对具有危险性的水产动物加以认识并掌握其捉持方法。

1. 鲶鱼捉持法

鲶鱼因其胸鳍在应急时张开，所以捉持时应以食指与中指张开，由其胸鳍后方，以食指扣住胸鳍，掌心轻握头部捉起（图 11－29）。

2. 甲鱼捉持法

甲鱼行动缓慢但性情凶暴，其口内有坚硬锐利牙齿，会将人

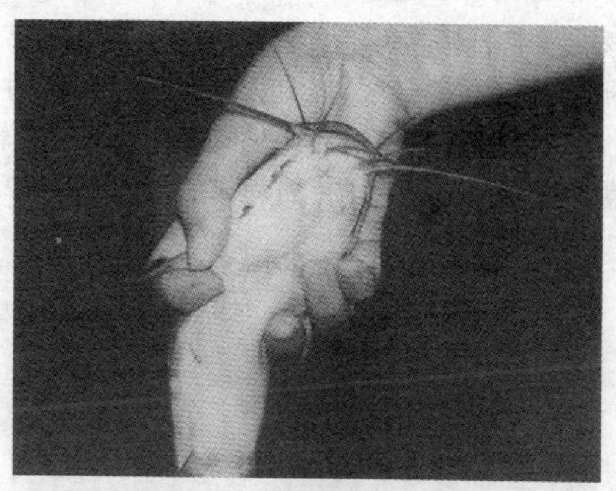

图 11－29　鲶鱼捉持法

手咬伤，捉持时应由其后方以手掌深入其腹部，拇指压鱼背上，其余四指于腹部将其捉起（图 11－30）。

图 11－30　甲鱼捉持法

3. 蟹之捉持法

蟹的大螯用作防御及掠食，其力道能将小鱼腰斩，捉持时应特别留意。捉持时应以拇指、食指及中指由其甲壳捉起（图 11－31）。

4. 常规鱼类捉持法

鱼类的鳍，有硬棘与软条之分，通常鱼类离水时会张开鳍，捉持时不小心会被硬棘刺伤，捉持时应避开硬棘，轻轻捉持，避免压迫鳃盖，以免引起鱼类挣扎而刺伤手（图 11-32）。

图 11-31 蟹之捉持法

图 11-32 常规鱼类捉持法

第十二章　水产品加工技术

一、概述

水产品加工是以水产动植物为原料，采用人工及各种机械、物理、化学、微生物学的方法，进行食品加工的生产技术过程。水产加工品是以生活在海洋和内陆水域中有经济价值的动植物为原料，经过各种方法加工制成的食品。水产动物原料以鱼类为主，其次是虾、蟹类、头足类、贝类；水产植物原料以藻类为主。水产品加工主要包括干制、腌制、熏制、调味熟制以及冷冻食品、罐头食品、鱼糜制品、藻类制品、功能性食品、调味料、鱼粉与饲料等的加工，产品有鱼干片、腌鱼、熏鱼、调味武昌鱼、速冻熟螯虾、凤尾鱼罐头、鱼丸、紫菜饼、鱼肝油、鱼露、鱼粉等。

（一）水产品加工现状

据农业部渔业局提供的资料，目前，我国水产加工业已发展成为一个包括渔业制冷和冷冻品、干制品、鱼糜及其制品、罐头、熟食品、腌熏品、鱼粉、鱼油、藻类食品、医药化工和保健品等系列产品的加工体系。

水产品加工业的快速发展和产业结构的合理调整，名优水产品的数量不断增加，产品质量不断提高，有效地促进了国内外渔业产品贸易的开展。从总体水平看，水产品加工还不能满足渔业生产发展的需要，与世界先进水平相比，与国内外市场的要求相比，还有较大差距，仍是整个渔业中的薄弱环节。

（二）水产品加工发展趋势

我国是渔业大国，近年来，我国水产养殖业有了迅速的发展，渔业综合生产能力明显增强。但是，每年因变质等原因被丢弃的水产品至少在3%以上，能真正供给消费者食用的仅为总产量的一半左右。因此，对水产品进行深加工，已成为水产食品发展的必选之路。近几年，我国水产食品深度加工已开始起步，但发展仍然缓慢，市场水产品小包装占有量仍小；出口水产品主打品种仍是速冻品，鱼类罐头、风干品和鲜活品等，出口值普遍较低。因此，加快水产品的深加工步伐已经成为一个刻不容缓的课题。

二、水产品原料

（一）常见水产品原料

我国是渔业大国，水产品种类繁多，按加工特性，水产原料可分为鱼类、贝类、甲壳类、头足类、藻类和其他类。

我国常见的海水鱼有带鱼、大黄鱼、小黄鱼、海鳗、鲐鱼、金枪鱼、沙丁鱼、鲳鱼等；淡水鱼有“四大家鱼”（青鱼、草鱼、鲢、鳙）、鲤、鳊、团头鲂（武昌鱼）等。

贝类有牡蛎、贻贝、扇贝、田螺等；甲壳类有对虾、河虾、螯虾、梭子蟹等虾、蟹类；头足类有乌贼类（如墨鱼）、柔鱼类（如鱿鱼）等；藻类有海带、紫菜、螺旋藻、裙带菜等；其他类有海蜇、海葵、珊瑚等。

（二）鱼贝类鲜度的保持方法

水产原料腐败变质迅速，是因为其水分含量多，结缔组织少，肉质脆弱和柔软，酶的活性强，死后生物化学和生物学进程快，以及渔业生产季节性强，特别是渔汛期，鱼货高度集中，来不及马上进行加工处理，内脏和鱼鳃中的细菌易繁殖等方面的缘故。对于水产品加工而言，原料的鲜度是必须考虑的首要问题。

因此，水产原料的保鲜就显得尤为重要。

鱼贝类的保鲜主要是针对引起鱼贝类鲜度下降的物理变化、化学变化以及微生物学变化等方面的因素而采取的措施。保鲜的方法有很多，使用最早、应用最广泛的是低温保鲜。低温保鲜的方法主要有冰藏保鲜、冷海水保鲜、冰温保鲜、微冻保鲜和冻结保鲜等。

三、水产品加工原料的处理

（一）原料的解冻

水产品加工原料由于季节性强，在许多时候要采用冻结保鲜的原料，此时解冻就成了加工前的必需工序。

解冻是使冻结的原料融解恢复到冻结前的新鲜状态的过程。因为冻结原料在自然放置下亦会融解，所以解冻往往被人们忽视。解冻的终温由解冻原料的用途决定。用作加工原料的冻品，半解冻（中心温度 -5℃）就可以。为防止解冻品的质量变化，最好实现均一解冻。

解冻的方法多种多样，但没有一种方法适宜于所有冻结品的解冻，如冻鱼块要避免在水中解冻，而条冻鱼则用流水解冻较好；对虾的冻块以淋水解冻为宜；外皮发青的鲐鱼、乌贼等用淡水解冻易褪色，而用盐水解冻，颜色和光泽均好。

我国目前使用较多的解冻方法有空气解冻和水解冻。

（二）原料的清洗

1. 原料处理前的清洗

水产原料经验收和处理后，必须分别进行清洗。原料处理前的清洗主要是洗净附着在原料外表面的泥沙、黏液、杂质等污物。清洗的方法视原料的种类而异，一般鱼类和软体类用机械或手工清洗或洗刷；贝类及虾蟹类应刷洗和淘洗；蛏、螺等洗涤后还需用 1.5% ~2% 的盐水浸泡 1 ~3 小时，使其充分吐净泥沙。

2. 原料处理后的清洗

原料处理后的清洗主要是洗净腹腔内的血污、黑膜、黏液等污物，宜用小刷顺刺刷洗，同时刮净脊椎淤血。螺及鲍去壳后的肉还应用适量盐用搓洗机搓洗，再用水冲去黏液和沙等污物。

（三）原料的处理

鱼类原料的处理除清洗外，还包括去鳞、头、内脏、鳍、尾等，而虾、蟹、贝类必须进行去壳处理。

1. 鱼类原料的处理

鱼类原料的处理过程一般包括洗鱼，剔除不可食部分，胴体的洗净、切开、分档等。具体处理方法：沿鳃骨切去头，刮净全部鳞，切除背鳍和胸鳍（小型鱼可不切鳍），然后剖腹挖除内脏（小型鱼如凤尾鱼、鲫鱼等可由头部摘除内脏，鱼子要完整地保留在腹内）。

2. 虾、蟹、贝类的处理

有些水产原料带有硬壳，需去壳取肉。像蚝、虾、鲍鱼等一般是先去壳取肉，而蛏、蛤、贻贝、螺、蟹等则需煮熟后取肉。进行此操作时要注意：贝类原料在取肉前要彻底清洗壳外的泥沙，去壳后，壳、肉要严格分开，严防污染；加工速度要快，并需冰水降温，防止变质。

四、水产品加工技术

（一）水产品的冷冻

1. 水产品冷冻的概念

水产冷冻品与一般未经加工处理的新鲜鱼虾蟹贝等的水产原料保鲜冻结不同，它具有以下几个特点：一是选择优质的水产品为原料，并经过适当的前处理；二是采用快速冻结的方式；三是在贮藏和流通的过程中，瓶温应保持在－18℃以下；四是产品带有包装，食用安全并符合卫生要求。

水产冷冻品属于预制食品和方便食品的范畴，按对原料的前处理方式可分为生鲜水产冷冻食品和调理水产冷冻食品两大类。

2. 水产冷冻食品的加工工艺

水产冷冻食品有生鲜的初级加工品和调味半成品，也有烹调的预制品。它的生产工序也因水产品的种类、形态、大小、产品的形状和包装的不同而异，但一般都要经过冻结前处理、冻结、冻结后处理等过程。

（二）水产品干制

水产品原料直接或经过盐渍、预煮后在自然或人工条件下脱水的过程称为水产品的干制，其制品称为干制品。

1. 干制品加工及保藏原理

干制品加工及保藏的原理，即除去食品中微生物生长、发育所必要的水分，防止食品变质，从而使其长期保存。同时，除了微生物，原料中的各种酶类（蛋白质、脂质和碳水化合物的分解酶）也因为干燥作用而抑制其活性。

2. 干制方法

干制方法分为天然干燥与人工干燥两类。天然干燥法主要是日干和风干，亦即晒干和阴干，是传统的干燥方法。采用何种天然干燥方法一般根据水产品种类而定，含脂量较高的原料不宜用日干（晒干）。人工干燥法很多，用于水产品干制的主要有热风干燥、冷冻干燥、远红外干燥等。

3. 水产品干制加工技术

（1）生干品　又称淡干制品。生鲜水产品直接干燥而成的制品。原料多为体型小、肉质薄而易于迅速干燥的鱼、虾、贝、紫菜、海带等。制品有墨鱼干、鱿鱼干、鱼肚（鱼鳔胶）、虾干、干紫菜、干海带、风干鱼等。

（2）煮干品　又称熟干品。鱼、虾、贝等原料经煮熟后再干燥的制品。为了加速脱水，煮时加3%～10%的食盐。煮干加工主要适用于体型小、肉厚、水分多、扩散蒸发慢、容易变质的鱼、虾、贝类等。主要制品有虾皮、虾米、牡蛎、蛏干、干贝、鱼翅、海参等。

（3）盐干品　经过盐渍后再干燥的水产制品。多用于不宜进行生干和煮干的大中型鱼类和不能及时进行生干和煮干的小杂鱼的加工。可以在原料来不及处理或阴雨天无法干燥的情况下，先进行腌渍保藏，再进行干燥。主要制品有咸干鱼、河豚鱼干、鳕鱼干、盐干腊鱼等。

（4）调味干制品　原料经调味料拌和或浸渍后干燥或先将原料干燥至半干后浸调味料再干燥的制品。调味干制品的风味和口感良好，可直接食用。采用的原料一般是中上层鱼类、海产软体动物或鲜销不太受欢迎的低值鱼类。主要制品有五香烤鱼、风味鱼干、珍味烤鱼、鱼松、调味紫菜、调味海带等。

（三）水产品腌熏

1. 水产品腌制

水产品腌制加工在我国有着悠久的历史。此加工方法设备投资少，工艺简单，一直被渔民广泛使用。其产品具有风味独特、保质期长等特点。

食盐腌制是腌制的主要代表性方法。盐渍就是食品与固体食盐接触或浸于食盐水中，食盐向食品内部渗入，同时一部分水分从食品中除去，从而使食品的水分活度降低，以达到抑制食品腐败变质的作用。

2. 水产品的烟熏

（1）熏制加工原理　烟熏是一种古老的食品加工保藏方法。一般认为熏烟中对制品风味和防腐来说最重要的成分为苯酚类、醛类、酮类、醇类、有机酸类、酯类和烃类等。其中酚类具有抗氧化、抑菌防腐和形成特有烟熏味的作用；熏烟中所含的大量羰基化合物对制品的色泽和芳香味的形成最为重要；而多环烃中的苯并（a）芘和二苯并（a，b）蒽为致癌物质，好在大多数烟熏制品中含量相当低。熏制还有脱水干燥的作用。

（2）熏制方法　熏制品的生产一般经过原料的处理、盐渍、脱盐、沥水（风干）、熏干等工序制得。熏制方法根据熏室的温度不同可分为冷熏、温熏和热熏，另外还有液熏和电熏。常用的有冷熏、温熏、热熏和液熏。电熏法设备运行费用高，我国基本没有实现实用化。

（四）水产罐头

1. 罐头食品生产的基本原理

（1）微生物的耐热性　不同种类的微生物，其耐热性有明显的差别，细菌中能产生芽孢的杆菌主要是好气性芽孢杆菌属和厌气性梭状芽孢杆菌属。芽孢的形成都在细胞内，对不良环境具有较强抗性，对化学和物理处理均有很强的抵抗力，耐热性很强。其中肉毒梭状芽孢杆菌是致病微生物中耐热性最强的。

（2）加热杀菌　水产罐头是水产食品加工保藏的方法之一，加工原理是将初加工的水产品装入罐头容器内，然后排气、密封，再经高温加热杀菌，使水产品中的大部分微生物被杀灭，酶的活性受到破坏。同时，通过排气密封以防止外界的再污染和空气对制品的氧化。水产罐头均采用高压杀菌（高于100℃）。

2. 水产罐头的生产工艺

（1）前处理　除去那些经过长时间加热杀菌后仍无法食用的部分。

（2）加工成鱼片。

（3）盐水浸渍　进行调味增进最终产品的口味。

（4）预热处理　有预煮与油炸、烟熏，目的是去除原料中部分水分。还包括装罐、排气、密封。

（5）加热杀菌。

（6）水产罐头均采用高温（高于100℃）高压杀菌。

主要水产罐头制品种类：清蒸、油浸、鲜炸、茄汁、熏鱼等。

（五）鱼糜制品

鱼糜制品种类繁多，我国常见的有鱼丸、鱼糕、鱼卷、鱼香肠、虾饼、模拟蟹肉、模拟虾仁、鱼面、鱼肉汉堡肉饼、鱼饺等。鱼糜制品是非常容易进行新产品开发的水产加工品。

鱼糜制品的基本生产工艺　鱼糜制品的生产可直接采用新鲜鱼肉进行生产。将鱼肉绞碎，经加盐擂溃，成为黏稠的鱼浆（鱼糜），再经调味混匀，做成一定形状后，进行水煮、油炸、焙烤、烘干等加热或干燥处理制成成品。

参考文献

[1] 李林春．水产养殖操作技能．北京：高等教育出版社，2008.
[2] 陈辉．水生动物病害防治技术．北京：中国农业出版社，2004.
[3] 周乔，程延林．水产概论．北京：中国农业出版社，2006.
[4] 张欣，蒋艾青．水产养殖概论．北京：化学工业出版社，2009.
[5] 杨先乐．特种水产动物疾病的诊断与防治．北京：中国农业出版，2003.
[6] 江育林，陈爱平．水产动物疾病图鉴．北京：中国农业出版社，2003.
[7] 胡石柳，唐建勋．鱼类增养殖技术．北京：化学工业出版社，2010.